本試験形式！

乙種第4類危険物取扱者

模擬テスト

工藤 政孝 編著

弘文社

ま え が き

　本書は，好評をいただいている「わかりやすい乙種第4類危険物取扱者試験」「最速合格！乙種第4類危険物でるぞ～問題集」及び「直前対策！乙種第4類危険物　20回テスト（分野別の問題集）」（いずれも弘文社刊）の"総まとめ"として編集作成されたものです。

　「でるぞ～問題集」や「20回テスト」では，巻末の模擬試験以外は分野別に編集してあり，知識を分野ごとにまとめることができるので，受験勉強を効率的に進めることができるような構成になっています。

　しかし，分野別にまとめたその知識を実戦の中で試し，さらに磨いてゆくには，どうしても本試験形式の模擬テストを繰り返す必要があります。そこで今回はその模擬テストを8回分用意しました。

　この模擬テストは，最新の本試験に出題されたもの，つまり，**最新の本試験の出題傾向に沿って**編集されてありますので，実戦力は，よりハイレベルなものになるものと思っております。

　また，本書には文章による理解を助けるために，随所に**イラスト**を使用しておりますので，理解力も，より深まるものと期待しております。

　さらに，「わかりやすい乙種第4類危険物取扱者試験」や「でるぞ～問題集」及び「20回テスト」でも採用した**ゴロ合わせ**もできるだけ掲載してありますので，本書だけ購入された方でも，より効率的な暗記方法を身に付けることができるような構成になっています。

　従って，このような本書の特徴を十二分に活用すれば，試験合格のラインは必ずや突破するものと確信しております。

　最後になりましたが，本書を手にされた方が一人でも多く「試験合格」の栄冠を勝ち取られんことを，紙面の上からではありますが，お祈り申しあげております。

4

目　　　　　次

まえがき ……………………………………………………………… 3
受験案内 ……………………………………………………………… 5

○受験の際の注意事項 ……………………………………………… 6
○試験合格のコツ …………………………………………………… 7
○本試験はこう行われる …………………………………………… 8

第1回テスト ………………………………………………………… 13
　　解答 ……………………………………………………………… 26
第2回テスト ………………………………………………………… 43
　　解答 ……………………………………………………………… 56
第3回テスト ………………………………………………………… 69
　　解答 ……………………………………………………………… 82
第4回テスト ………………………………………………………… 97
　　解答 …………………………………………………………… 110
第5回テスト ……………………………………………………… 123
　　解答 …………………………………………………………… 136
第6回テスト ……………………………………………………… 151
　　解答 …………………………………………………………… 164
第7回テスト ……………………………………………………… 177
　　解答 …………………………………………………………… 191
第8回テスト ……………………………………………………… 205
　　解答 …………………………………………………………… 219
暗記大作戦！　〜共通の特性を覚えよう〜 ………………… 234
危険物の分類とその特性 ………………………………………… 236
消防法別表第1 …………………………………………………… 237
主な第4類危険物のデータ一覧表 …………………………… 238
予防規定に定める主な事項 ……………………………………… 239

受 験 案 内

1. 受験資格および受験地

誰でも受験でき，全国どこでも受験できます。

2. 受験者数と合格率

例年約 25 万人前後が受験し合格率は約 33% 位です。

3. 試験科目と出題数

試験科目	出題数
① 危険物に関する法令	15 問
② 基礎的な物理学及び基礎的な化学	10 問
③ 危険物の性質並びにその火災予防及び消火の方法	10 問

注：他の類の乙種危険物取扱者免状の保有者は①と②の科目が免除されます。

4. 試験方法

5 肢択一の筆記試験で，解答は，解答カードにある番号を黒く塗りつぶすマークシート方式で行われます。

5. 試験時間

2 時間です。（試験開始から 35 分経つと退出が認められます）

6. 合格基準

試験科目ごとに 60% 以上を正解する必要があります。

つまり，「法令」で 9 問以上，「物理・化学」で 6 問以上，「危険物の性質」で 6 問以上を正解する必要があるわけです。この場合，例えば法令で 10 問正解しても，「物理・化学」または「危険物の性質」が 5 問以下の正解しかなければ不合格となるので，3 科目ともまんべんなく学習する必要があります。

7. 受験願書の取得方法

各消防署で入手するか，または（一財）消防試験研究センターの中央試験センター

（〒151 - 0072　東京都渋谷区幡ヶ谷 1 - 13 - 20　ＴＥＬ03 - 3460 - 7798）か，各支部へ請求してください。

受験の際の注意事項

1. 受験申請

　　自分が受けようとする試験の日にちが決まったら，受験申請となるわけですが，大体試験日の1ヶ月半位前が多いようです。その期間が来たら，郵送で申請する場合は，なるべく早めに申請しておいた方が無難です。というのは，もし，申請書類に不備があって返送され，それが申請期間を過ぎていたら，再申請できずに次回にまた受験，なんてことになりかねないからです（実際には，そのようなことは殆どないとは思いますが…）。

2. 試験場所を確実に把握しておく

　　普通，受験の試験案内には試験会場までの交通案内が掲載されていますが，もし，その現場付近の地理に不案内なら，実際にその現場まで出かけるくらいの慎重さがあってもいいくらいです。実際には，当日，その目的の駅などに到着すれば，試験会場へ向かう受験生の流れが自然にできていることが多く，そう迷うことは少ないとは思いますが，そこに着くまでの電車を乗り間違えたり，また，思っていた以上に時間がかかってしまった，なんてことも起こらないとは限らないので，情報をできるだけ正確に集めておいた方が精神的にも安心です。

3. 受験前日

　　これは当たり前のことかもしれませんが，当日持っていくものをきちんとチェックして，前日には確実に揃えておきます。特に，**受験票**を忘れる人がたまに見られるので，筆記用具とともに再確認して準備しておきます。

　　なお，解答カードには，「必ずHB，又はBの鉛筆を使用して下さい」と指定されているので，HB，又はBの鉛筆を**2〜3本**と，できれば予備として濃い目のシャーペンと，消しゴムもできれば小さ目の予備を準備しておくと完璧です（試験中，机から落ちて"行方不明"になったときのことを考えて）。

試験合格のコツ

　ここまでは，受験に関する事項について説明してきましたので，ここでは，「それではその試験に合格するにはこの問題集をどのように使えばよいか」，ということについて，2点ですがアドバイスしたいと思います。

1．問題集は最高のテキストである！

　危険物乙4試験にも，数々の参考書が店頭に並べられています（参考書の選び方については，「でるぞ～問題集」や「20回テスト」で説明してありますので，ここでは省略します）。それらの参考書には，一般的に言って受験に必要な知識より何割か（本によっては数倍？），多くの情報が書かれてあります。ところが，問題集には試験に出そうな部分を中心にして問題が作成されており，また，その問題自身も出そうな部分のポイントを中心にして作成されています。従って，**問題集は"要点集"である**とともに，「**最高のテキスト**」，でもあるわけです。

2．問題は最低3回は繰り返そう！

　その問題集ですが，**問題は何回も解くことによって自分の"身に付きます"**。従って，本書を例にとると，第1回から第8回まで一通り終えたら，また，第1回に戻って，間違った問題をメインにして解いていくようにしてください。

　そのためには，解答を本書には**直接書き込まず**，別紙などに書き込むようにします。そうすると，問題を何回も使うことができます。

　また，答え合わせの際は，問題番号の横に，①　まったくわからずに間違った問題には×印，②　半分位解けていたが結果的に間違った問題には△印，③　一応，正解にはなったが，知識がまだあやふやな感がある問題には○印，というように，3段階位に分けた印を付けておくと，たとえば，2回目をやる時間があまり残っていない，というような時には，×印の問題のみをやる。また，それよりは少し時間がある，というような時には，×印に加えて△印の問題もやる，というような，状況に合わせた対応をとることができます。

本試験はこう行われる

　ここでは，まだ1回も受験を経験していない方のために，とある大学のキャンパスを試験会場と仮定した場合の試験の流れを簡単に説明したいと思います。
　なお，集合時間は**9時30分**で，試験開始は**10時**とします。

1．試験会場到着まで

　まず，最寄の駅に到着します。改札を出ると，受験生らしき人々の流れが会場と思われる方向に向かって進んでいるのが確認できると思います。その流れに乗って行けばよいというようなものですが（右の写真），当日，別の試験が別の会場で行われている可能性が無きにしもあらずなので，場所の事前確認は必ずしておいてください。

受験生の流れ

　さて，そうして会場に到着するわけですが，少なくとも，9時15分までには会場に到着するようにしたいものです。特に初めて受験する人は，何かと勝手がわからないことがあるので，十分な余裕を持って会場に到着してください。

2．会場に到着

　大学の門をくぐり，会場に到着すると，右のような案内の張り紙が張ってあるか，または立てかけてあります。

　これは，受験票に書かれてある番号の教室がどこにあるか（または，どの受験番号の人がどの教室に入るか），という案内で，自分の受験票に書いてある番号と照らし合わせて，自分が行くべき教室を確認します。

案内板

3. 教室に入る

自分の受験会場となる教室に到着しました。すると，黒板のところに，ここにも図のような張り紙がしてあります。

○－0191	0208	0225	0242	0259	0276
0197	0214	0231	0248	0265	0282

座席の位置

これは，どの受験番号の人がどの机に座るのか，という案内で，自分の受験番号と照らし合わせて自分の机を確認して着席します。

4. 試験官の入室

だいたい，9時40分くらいになると，試験官が問題用紙を抱えて教室に入ってきます（9時30分すぎに入ってくる試験官もいます）。従って，それまでにトイレは済ませておきます。が，試験官の説明は，普通，すぐには行われず，試験開始10分くらい前になってようやく試験の説明を行う試験官もいます。

その内容ですが，試験上の注意事項のほか，問題用紙や解答カードへの記入の仕方などが説明されます。それらがすべて終ると，試験開始までの時間待ちとなります。

5. 試験開始

「それでは，試験を開始します」という，試験官の合図で試験が始まります。初めて受験する人は少し緊張するかもしれませんが，時間は2時間と十分すぎるほどあるので，ここはひとつ冷静になって一つ一つ問題をクリアしていきましょう。

なお，その際の受験テクニックですが，

① 難しい問題だ，と思ったら，とりあえず何番かに答を書いておき，後回しにします（難問に時間を割かない）。

特に，本試験問題には，「捨て問」と呼ばれる，"通常の"乙4試験のレベルを大きく上回っているのではないか，と思いたくなるような難問が，たいてい1問は含まれています。

つまり，ほとんどの受験者が解けないのではないだろうか？と思わせるような問題です。従って，このような問題に時間を取られると，ほかの問題にも影響するので，「捨て問」だ，と判断したら何番かに答を書いて早々と"撤退"します。

② 時間配分をしておく。

先ほどは，時間は2時間と十分にある，といいましたが，やはりある程度の時間配分をしておかないと，「時間が足りずに全問解けなかった」などということになりかねません。従って，**おおよそ30分で10問を解いていくスピード**は，最低限確保しておきたいものです。

6．途中退出

試験開始から35分経過すると，試験官が「それでは35分経過しましたので，途中退出される方は，机に張ってある受験番号のシールを問題用紙の名前が書いてあるところの下に張って，解答カードとともに提出してから退出してください。」などという内容のことを通知します。すると，もうすべて解答し終えたのか（それとも諦めたのか？），少なからずの人が席を立ってゴソゴソと準備をして部屋を出て行きます。そして，その後も，パラパラと退出する人が出てきますが，ここはひとつ，そういう"雑音"に影響されずにマイペースを貫きましょう。

7．試験終了

試験終了5分ぐらい前になると，「試験終了まで，あと5分です。**名前や受験番号**などに書き間違えがないか，もう一度確認しておいてください」などという内容のことを試験官が言うので，その通りに確認するとともに，**解答の記入漏れ**がないかも確認しておきます。

そして，12時になって，「はい，試験終了です」の声とともに試験が終了します。

以上が，本試験をドキュメント風に再現したものです。地域によっては多少の違いはあるかもしれませんが，おおむね，このような流れで試験は進行します。従って，前もってこの試験の流れを頭の中にインプットしておけば，さほどうろたえる事もなく，試験そのものに集中できるのではないかと思います。

ぜひ，持てる力を十二分に発揮して，合格通知を手にしてください！

試験会場入口　さあ，ガンバルゾ！

注：アルコールの名称について

　日本の国内では，メタノールをメチルアルコール，エタノールをエチルアルコールという場合がありますが，本書ではメタノール，エタノールで統一しています。

解答カード（見本）

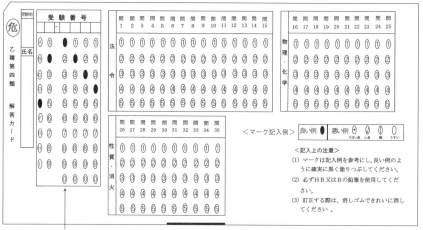

受験番号を
Ｅ－２１２３４
とした場合の例

（拡大コピーをして解答の際に使用して下さい）

解答カード（見本）

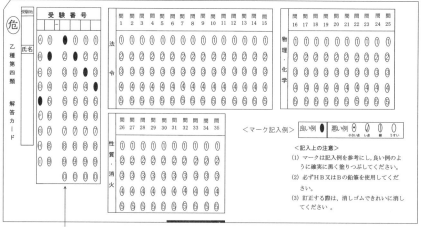

受験番号を
Ｅ－２１２３４
とした場合の例

（拡大コピーをして解答の際に使用して下さい）

この解答カードを拡大コピー（170％位）して，解答の際に使用して下さい。

第1回

乙種第4類危険物取扱者

模 擬 テ ス ト

第1回

＝危険物に関する法令＝

問題1

次のうち，危険物の説明として消防法令上正しいものはどれか。
(1) 危険物は第1類から第6類までに分類されている。
(2) 危険物とは，1気圧，温度零度で固体又は液体の状態にあるものをいう。
(3) 危険物は，石油類，火薬類，及び高圧ガス類に分類されている。
(4) 危険物は，類の数が増すほど危険性も大きくなる。
(5) 指定数量とは，危険物についてその危険性を勘案して市町村条例で定める数量である。

問題2

法令上，第4類の危険物の指定数量について，次のうち誤っているものはどれか。
(1) 第1石油類の水溶性液体とアルコール類は，指定数量が同一である。
(2) 第2石油類と第3石油類では，指定数量が異なる。
(3) 第1石油類，第2石油類，又は第3石油類は，品名が同じであっても水溶性液体と非水溶性液体では，指定数量が異なる。
(4) 第3石油類と第4石油類では，指定数量が異なる。
(5) 第4石油類と動植物油類では，指定数量が異なる。

問題3

製造所等の区分の説明として，次のうち正しいものはどれか。
(1) 移動タンク貯蔵所…鉄道の車両に固定されたタンクにおいて危険物を貯蔵し，または取り扱う貯蔵所
(2) 第1種販売取扱所…店舗において容器入りのままで販売するため，指定数量の倍数が15を超え40以下の危険物を取り扱う取扱所
(3) 屋内貯蔵所…………屋内にあるタンクにおいて危険物を貯蔵し，または取り扱う貯蔵所
(4) 屋外タンク貯蔵所…屋外にあるタンクにおいて危険物を貯蔵し，または取り扱う貯蔵所

問題

(5) 給油取扱所…………配管及びポンプ並びにこれらに付属する設備によって地下タンク貯蔵所または屋内タンク等に給油するため危険物を取り扱う取扱所

問題 4

法令上，市町村長等の製造所等の許可を取り消すことができる場合として，次のうち誤っているものはどれか。

(1) 完成検査又は仮使用の承認を受けないで製造所等を使用した。

(2) 製造所等の位置，構造又は設備に係る措置命令に違反した。

(3) 変更の許可を受けないで，製造所等の位置，構造又は設備を変更した。

(4) 定期点検を行わなければならない製造所等において，点検をせず，点検記録を作成せず，これを保存しなかったとき。

(5) 危険物保安監督者を定めなければならない製造所等において，それを定めていなかった。

問題 5

法令上，製造所等の定期点検について，次のうち誤っているものはどれか。ただし，規則で定める漏れに関する点検は除く。

(1) 定期点検の記録は，一定期間保存することと定められている。

(2) 定期に点検しなければならない製造所等は，政令で定められている。

(3) 定期点検は，1年に1回以上行うことが義務づけられている。

(4) 定期点検の実施者は，危険物取扱者に限定されている。

(5) 定期点検は，製造所等の位置，構造及び設備が技術上の基準に適合しているかどうかについて行う。

問題 6

法令上，免状の交付を受けている者が，その免状の書替えを申請しなければならないものは，次のうちどれか。

(1) 住所が変わったとき。

(2) 免状の写真が，撮影した日から10年を経過したとき。

(3) 危険物の取扱作業の保安に関する講習を受講したとき。

(4) 勤務先が変わったとき。

(5) 危険物保安監督者に選任されたとき。

第1回

問題7

法令上，危険物保安監督者について，次の文の（　）内に当てはまるものはどれか。

「政令で定める製造所等の所有者等は，（　）のうちから危険物保安監督者を定め，規則で定めるところにより，その者が取り扱うことができる危険物の取扱作業に関して，保安の監督をさせねばならない。ただし，選任の要件である6ヶ月以上の実務経験は，製造所等における実務経験によるものとする。」

- (1)　製造所等で管理的立場にあるもの
- (2)　甲種危険物取扱者又は乙種危険物取扱者で，6ヶ月以上危険物取扱いの実務経験を有する者
- (3)　危険物取扱者で，危険物の取扱作業の保安に関する講習を定期的に受けているもの
- (4)　製造所等の防火管理者
- (5)　危険物取扱者で，危険物の取扱作業に2年以上の経験を有するもの

問題8

法令上，免状の交付を受けた後3年間，危険物の取扱いに従事していなかった者が，新たに危険物の取扱いに従事することとなった。この場合，危険物の取扱作業の保安に関する講習の受講時期として，次のうち正しいものはどれか。

- (1)　従事する前に受講しなければならない。
- (2)　従事することとなった日から1年以内に受講しなければならない。
- (3)　従事することとなった日から2年以内に受講しなければならない。
- (4)　従事することとなった日から3年以内に受講しなければならない。
- (5)　従事することとなった日から4年以内に受講しなければならない。

問題9

法令上，製造所等の中には特定の建築物等から，一定の距離（保安距離）を保たなければならないものがあるが，その建築物等として該当するものは，次のうちどれか。

(1)　大学，短期大学

(2)　製造所等の存する敷地と同一の敷地内に存する住居

(3)　小学校，中学校

(4)　使用電圧が 6,000 V の特別高圧埋設電線

(5)　重要文化財である絵画を保管する倉庫

問題10

　法令上，第 1 石油類の危険物を取り扱う場合，製造所の構造及び設備の技術上の基準について，次のうち正しいものはどれか。

(1)　危険物を加熱し，又は乾燥する設備は，いかなる場合でも直火を用いない構造としなければならない。

(2)　建築物は屋根を耐火構造で造るとともに，金属板その他軽量な不燃材料でふき，天井を設けてはならない。

(3)　建築物の床は，傾斜及び貯留設備を設けてはならない。

(4)　可燃性の蒸気が滞留するおそれのある建築物には，その蒸気を屋外の低所に排出する設備を設けなければならない。

(5)　建築物は，地階を有してはならない。

問題11

　給油取扱所の位置・構造及び設備の技術上の基準について，法令上，次のうち正しいものはどれか。

(1)　固定給油設備の周囲の空地は，給油取扱所の周囲の地盤面より低くするとともに，その表面に適当な傾斜をつけ，かつ，アスファルト等で舗装しなければならない。

(2)　見やすい箇所に，給油取扱所である旨を示す標識及び「火気厳禁」と掲示した掲示板を設けなければならない。

(3)　自動車の一部が給油空地からはみ出たまま給油するときは，防火上の細心の注意を払わなければならない。

(4)　自動車の洗浄を行うときは，引火点が高いものを使用すること。

(5)　屋内給油取扱所は，病院内に設置することができる。

問題12

法令上，危険物の貯蔵の技術上の基準として，次のうち誤っているものはどれか。

(1) 貯蔵所においては，原則として危険物以外の物品を貯蔵してはならない。

(2) 屋外タンク貯蔵所の周囲に防油提がある場合は，その水抜口を通常は閉鎖しておくとともに，当該防油提の内部に滞油し，又は滞水した場合は，遅滞なくこれを排出しなければならない。

(3) 移動タンク貯蔵所には，当該タンクが貯蔵し，又は取り扱う危険物の類，品名及び最大数量を表示しなければならない。

(4) 屋内貯蔵所においては，容器に収納して貯蔵する危険物の温度が60℃を超えないように必要な措置を講じなければならない。

(5) 移動タンク貯蔵所には，「完成検査済証」「点検記録」「危険物貯蔵所譲渡引渡届出書」及び「危険物の品名，数量又は指定数量の倍数変更届出書」を備え付けなければならない。

問題13

法令上，危険物の運搬について，次のうち正しいものはどれか。

(1) 類を異にする危険物の混載は，すべて禁止されている。

(2) アセトンの入った未開封容器に「危険等級Ⅰ」「水溶性」「火気注意」と表示されていた。

(3) 危険物を運搬する場合は，容器，積載方法及び運搬方法についての基準に従わなければならない。

(4) 固体の危険物は，運搬容器の内容積の98％以下の収納率であって，かつ，55℃の温度において漏れないように十分な空間容積を有して運搬容器に収納しなければならない。

(5) 液体の危険物は，運搬容器の内容積の95％以下の収納率で運搬容器に収納しなければならない。

問題14

危険物施設に設置する消火設備について，次の組み合わせのうち誤っているものはどれか。

(1)　屋外消火栓設備……………………………第1種消火設備
(2)　スプリンクラー設備…………………………第2種消火設備
(3)　二酸化炭素消火設備…………………………第3種消火設備
(4)　消火粉末を放射する小型消火器………第4種消火設備
(5)　乾燥砂……………………………………………第5種消火設備

問題15

法令上，製造所等で危険物の流出その他の事故が発生したとき，当該製造所等の所有者等は直ちに応急措置を講じなければならないと定められているが，その応急措置に該当しないものは，次のうちいくつあるか。

　　A　引き続き危険物の流出を防止すること。
　　B　流出した危険物の拡散を防止すること。
　　C　可燃性蒸気の滞留している場所において危険物を除去する際に火花を発する機械器具や工具等を使用する場合，引火防止に十分注意すること。
　　D　事故現場付近に在る者を消防作業等に従事させること。
　　E　火災等の災害発生防止の措置を講じること。

(1)　1つ　　(2)　2つ　　(3)　3つ　　(4)　4つ　　(5)　5つ

基礎的な物理学及び基礎的な化学

問題16

水の状態変化を示した次の図 (a) (b) (c) のうち，気体，液体，固体はそれぞれどの部分に該当するか，次のうちから正しいものを選べ。

	(a)	(b)	(c)
(1)	液体	固体	気体
(2)	固体	気体	液体
(3)	気体	固体	液体
(4)	固体	液体	気体
(5)	液体	気体	固体

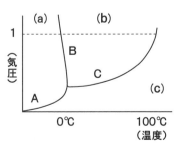

第1回

問題17

内容積 1,000 ℓ のタンクに満たされた液温 15℃ のガソリンを 35℃ まで温めた場合, タンク外に流出する量として正しいものは次のうちどれか。ただし, ガソリンの体膨張率を $1.35 \times 10^{-3} K^{-1}$ とし, タンクの膨張およびガソリンの蒸発は考えないものとする。

(1) 1.35 ℓ　　(2) 6.75 ℓ　　(3) 13.50 ℓ
(4) 27.00 ℓ　　(5) 54.00 ℓ

問題18

静電気について, 次のうち誤っているものはどれか。

(1) 作業する場所の床や靴の電気抵抗が大きいと, 静電気の蓄積量が大きくなる。
(2) 帯電した物体が放電するときのエネルギーの大小は, 可燃性ガスの発火に影響しない。
(3) 夏場, 人体に帯電しにくいのは, 汗や湿気により静電気が他に漏れているからである。
(4) 接触分離する 2 つの物体の種類および組み合わせによって, 発生する静電気の大きさや極性が異なる。
(5) 接触面積や接触圧は, 静電気発生の要因の 1 つである。

問題19

混合物のみの組合せは, 次のうちどれか。

(1) 水, 海水　　(2) 硫黄, プロパン　　(3) 酸素, 水素
(4) 硫酸, 硝酸　　(5) 灯油, ガソリン

問題20

有機化合物の一般的性状として, 次のうち正しいものはいくつあるか。

A　有機化合物の成分元素は, 主に炭素, 水素, 酸素, 窒素で, 完全燃焼すると, 一酸化炭素と水蒸気を発生するものが多い。
B　有機化合物は, 鎖式化合物と環式化合物の 2 つに大別される。
C　ほとんどのものは, 水によく溶ける。

D　有機化合物は，無機化合物に比べ融点または沸点の高いものが多い。

E　有機化合物は一般に不燃性である。

⑴　1つ　　⑵　2つ　　⑶　3つ　　⑷　4つ　　⑸　5つ

問題21

燃焼の3要素に関する説明として，次のうち誤っているものはどれか。

⑴　酸素供給源は，必ずしも空気とは限らない。

⑵　二酸化炭素のように，これ以上酸素と化合できないものは可燃物ではない。

⑶　気化熱や融解熱は，点火源になることがある。

⑷　金属の衝撃火花や静電気の放電火花は，点火源になることがある。

⑸　酸化反応が吸熱となる物質は，可燃物ではない。

問題22

燃焼に関する説明として，次のうち誤っているものはどれか。

⑴　ニトロセルロースは，分子内に酸素を含有し，その酸素が燃焼に使われる。これを内部燃焼という。

⑵　木炭やコークスは，熱分解や気化することなく，そのまま高温状態となって燃焼する。これを表面燃焼という。

⑶　硫黄は，融点が発火点より低いため，融解し，さらに蒸発して燃焼する。これを分解燃焼という。

⑷　石炭は，熱分解によって生じた可燃性ガスが燃焼する。これを分解燃焼という。

⑸　エタノールは，液面から発生した蒸気が燃焼する。これを蒸発燃焼という。

問題23

可燃物が燃えやすい一般的条件として，次の組み合わせのうち，最も適当なものはどれか。

	発熱量	水分	空気との接触面積
⑴	小	多	大
⑵	小	少	小
⑶	大	少	大
⑷	大	多	大
⑸	大	少	小

第1回

問題24

消火理論について，次のうち誤っているものはどれか。

(1) 燃焼の3要素のうち1つを取り除けば消火することができる。

(2) 除去消火法とは，酸素を取り除いて消火する方法である。

(3) 一般に，空気中の酸素濃度をおおむね 14 vol%以下にすれば，燃焼は阻止される。

(4) ハロゲン化物消火剤（ハロン 1301）は，負触媒作用により，燃焼を抑制する効果がある。

(5) 泡消火剤には，いろいろ種類があるが，いずれも窒息効果がある。

問題25

二酸化炭素消火剤について，次のうち正しいものはどれか。

(1) 化学的に不安定である。……二酸化炭素は火炎に熱せられると一酸化炭素となり，消火中，突然爆発することがある。

(2) 消火後の汚損が少ない。……粉末および泡消火剤のように機器等を汚損させることはない。

(3) 電気絶縁性が悪い。…………電気絶縁性が悪いので電気火災には使用できない。

(4) 長期貯蔵ができない。………固体や液体で貯蔵できないため，ガスの状態で貯蔵するが，経年で変質しやすいため，長期貯蔵ができない。

(5) 人体への影響はほとんどない。…化学的に分解して有害ガスを発生することはなく，また二酸化炭素そのものは無害であることから，密閉された場所で使用しても人体に対する影響はほとんどない。

危険物の性質並びにその火災予防及び消火の方法

問題26

第1類から第6類の危険物の性状について，次のうち誤っているものはどれか。

(1) 同一の金属であっても，形状および粘度によって危険物になるものとならないものがある。

(2) 引火性液体の燃焼は主に分解燃焼である。

(3) 水と接触して発熱し可燃性ガスを生成するものがある。

(4) 危険物には単体，化合物および混合物の3種類がある。

(5) 分子内に酸素を含んでおり，他から酸素の供給がなくても燃焼するものがある。

問題27

第4類危険物の一般的性状として，次のうち誤っているものはどれか。

(1) 常温（20℃），常圧で液体であり，蒸気は可燃性である。

(2) 液体の比重は1より小さいものが多い。

(3) 蒸気は特有の臭気を帯びるものが多い。

(4) 電気の良導体で，静電気は蓄積されない。

(5) 引火の危険性は，引火点が低いほど高い。

問題28

次の文の（　　）内のA～Dに入る語句の組み合わせとして，正しいものはどれか。

「第4類の危険物の貯蔵および取扱いにあたっては，炎，火花または（　A　）との接近を避けるとともに，発生した蒸気を屋外の（　B　）に排出するか，または（　C　）を良くして蒸気の拡散を図る。また，容器に収納する場合は，（　D　）危険物を詰め，蒸気が漏えいしないように密栓をする。」

	A	B	C	D
(1)	可燃物	低所	通風	若干の空間を残して
(2)	可燃物	低所	通風	一杯に
(3)	高温体	高所	通風	若干の空間を残して
(4)	水分	高所	冷暖房	若干の空間を残して
(5)	高温体	高所	冷暖房	一杯に

第1回

問題29

舗装面または舗装道路に漏れたガソリンの火災に噴霧注水を行うことは，不適応な消火方法とされている。次のA～Eのうち，その主な理由に当たるものの組合せは，次のうちどれか。

A　ガソリンが水に浮き，燃焼面積を拡大させるため。

B　水が沸騰し，ガソリンを飛散させるため。

C　水滴がガソリンをかき乱し，燃焼を激しくするため。

D　水滴の衝撃でガソリンをはね飛ばすため。

E　水が側溝等を伝わりガソリンを遠方まで押し流すため。

(1)　AとB　　(2)　AとE　　(3)　BとC　　(4)　CとE　　(5)　DとE

問題30

特殊引火物の性状について，次のうち誤っているものはどれか。

A　アセトアルデヒドは沸点が高く，常温（20℃）では揮発しにくい。

B　ジエチルエーテルは，特有の臭気があり，燃焼範囲は広い。

C　二硫化炭素は無臭の液体で水に溶けやすく，かつ，水より軽い。

D　酸化プロピレンは，重合反応を起こし大量の熱を発生する。

E　二硫化炭素の発火点は100℃以下で，第4類の中では発火点が最も低い。

(1)　AとC　　(2)　AとE　　(3)　BとD　　(4)　CとD　　(5)　DとE

問題31

自動車ガソリンの性状等について，次のうち正しいものはどれか。

(1)　発火点は約300℃である。

(2)　第1類の危険物と混触しても，発火の危険性はない。

(3)　流動，かくはん，ろ過時の摩擦によって静電気を発生しやすいが，静電気の火花で発火することはない。

(4)　揮発性が非常に高く，蒸気と空気の混合割合が1：9で容易に引火する。

(5)　蒸気は空気よりも軽い。

問 題

問題32

クロロベンゼンの性状について，次のうち正しいものはどれか。

⑴　水より軽い。　　　　　　　⑵　無色の液体で特有の臭いを有する。

⑶　水と任意の割合で混ざる。　⑷　蒸気は，空気より軽い。

⑸　蒸気の燃焼範囲は，2.8～37 vol%である。

問題33

軽油の性状等について，次のうち誤っているものはどれか。

⑴　水より軽く，水に溶けない。　⑵　沸点は水より低い。

⑶　蒸気は空気より重い。　　　　⑷　ディーゼル油とも呼ばれている。

⑸　引火点は，自動車ガソリンより高く，常温（20℃）よりも高い。

問題34

重油の一般的性状について，次のうち誤っているものはどれか。

⑴　水に溶けない。

⑵　水より重い。

⑶　発火点は，100℃ より高い。

⑷　3種重油の引火点は，70℃ 以上である。

⑸　日本産業規格では，1種（A重油），2種（B重油），3種（C重油）に
　　分類されている。

問題35

アセトンの性状について，次のうち誤っているものはどれか。

⑴　水より軽い。

⑵　揮発しやすい。

⑶　無色で特有の臭いがある液体である。

⑷　引火点はガソリンより高い。

⑸　水に溶けないが，アルコール，エーテル（ジエチルエーテル），クロロ
　　ホルムなどの有機溶媒には溶ける。

第1回

第1回テストの解答

══危 険 物 に 関 す る 法 令══

問題1 解答 (1)

解説 (1)(3) 危険物は第1類から第6類までに分類されているので, (1)は正しく, (3)は誤りです。

(2) 温度零度ではなく, 常温 (20℃) において固体又は液体の状態にあるものをいいます。

(4) 類を表す数字と危険性の大小とは関係がありません。

(5) 指定数量は, 危険物についてその危険性を勘案して**政令**で定める数量。

問題2 解答 (2)

解説 表1-1 第4類の危険物と指定数量 (注：水は水溶性, 非水は非水溶性)

品名	引火点	性質	主 な 物 品 名	指定数量
特殊引火物	−20℃以下		ジエチルエーテル, 二硫化炭素など	50ℓ
第1石油類	21℃未満	非水溶性	ガソリン,ベンゼン,トルエンなど	200ℓ
		水溶性	アセトン, ピリジン	400ℓ
アルコール類			メタノール, エタノールなど	400ℓ
第2石油類	21℃以上 70℃未満	非水溶性	灯油, 軽油, キシレンなど	1,000ℓ
		水溶性	氷酢酸, アクリル酸	2,000ℓ
第3石油類	70℃以上 200℃未満	非水溶性	重油, クレオソート油	2,000ℓ
		水溶性	グリセリン,エチレングリコール	4,000ℓ
第4石油類	200℃以上		ギヤー油, シリンダー油など	6,000ℓ
動植物油類			アマニ油, ヤシ油など	10,000ℓ

こうして覚えよう！　＜指定数量＞

（「つ」は，2＝ツウより2を表します。）

ご	つい	よ	銭湯	フ	ロ	満員
50ℓ	200ℓ	400ℓ	1,000ℓ	2,000ℓ	6,000ℓ	10,000ℓ
（特殊）	（1石油）	（アルコール）	（2石油）	（3石油）	（4石油）	（動植物）

　なお，石油類は「非水溶性」の数値のみ記してあります。あまり出てきませんが，「水溶性」は"その倍"だと覚えてください。

　第4類の指定数量は表1-1の通りです。この表より，第2石油類の非水溶性は1,000ℓ，水溶性は2,000ℓ，第3石油類の非水溶性は2,000ℓ，水溶性は4,000ℓなので，第2石油類の水溶性と第3石油類の非水溶性はともに2,000ℓで同じです。従って，指定数量が同じものもあるので(2)が誤りです。

(1)　第1石油類の水溶性の指定数量は400ℓ，アルコール類の指定数量も同じく400ℓなので正しい。

(3)　第1石油類，第2石油類，第3石油類は，水溶性と非水溶性では，指定数量が異なるので正しい。

(4)(5)　表より，正しい。

問題3　解答　(4)

解説　(1)の移動タンク貯蔵所は「鉄道の車両」ではなく，単に「車両」です。

(2)は第2種販売取扱所についての説明で，第1種販売取扱所の場合は，「指定数量の倍数が15以下の危険物を取扱う取扱所」となっています。

⑶は屋内タンク貯蔵所の説明で、屋内貯蔵所は、「屋内の場所において、危険物を貯蔵し、または取扱う貯蔵所」となっています。

⑷は正しい。

⑸は、移送取扱所についての説明で、給油取扱所は、「固定した給油設備によって、自動車等の燃料タンクに直接給油するため、危険物を取り扱う取扱所」となっています。

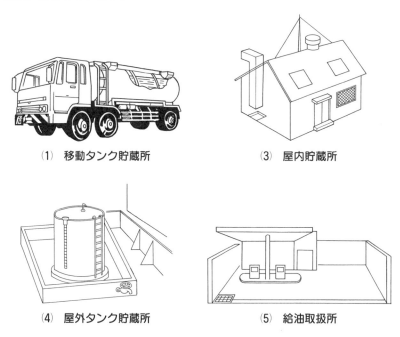

(1)　移動タンク貯蔵所　　　　　　　⑶　屋内貯蔵所

⑷　屋外タンク貯蔵所　　　　　　　⑸　給油取扱所

問題4　**解答**　⑸

解説　危険物保安監督者を選任していないとき、またはその者に「保安の監督」をさせていないときは、許可の取り消しではなく**使用停止命令**の発令事由となります。なお、「許可の取り消し、または使用停止命令の発令事由」は、⑴～⑷のほか、「保安検査を受けないとき（政令で定める屋外タンク貯蔵所と移送取扱所に対してのみ）」というのもあります。

（P 239 の「こうして覚えよう」参照）

第1回

解答

問題5 **解答** (4)

解説 定期点検の実施者は，**危険物取扱者**のほか，**危険物施設保安員**および**危険物取扱者の立会いを受けた者**（無資格者）も実施でき，危険物取扱者に限定されていないので誤りです。

(1) 定期点検の記録は，**3年間**保存することと定められています。

(2) （指定数量に関係なく）定期点検を必ず実施する必要がある製造所等は次の通りです。

・地下タンク貯蔵所

・地下タンクを有する製造所

・　　　　〃　　　　　給油取扱所

・　　　　〃　　　　　一般取扱所

・移動タンク貯蔵所

・移送取扱所（一部例外あり）

（一定の指定数量のときに実施する必要がある製造所等は省略）

(3)(5)　正しい。

問題6 **解答** (2)

解説 危険物取扱者の資格を有する者は，次の場合に免状の書き換えが必要です。① **氏名**が変更した場合，② **本籍地の属する都道府県**が変更した場合，③ **写真が10年経過した場合**……です。従って，「免状の写真が，撮影した日から10年を経過したとき。」は書き換えが必要なので，(2)が正解です。

ゴロ合わせ⇒ **書き換えようシャンとした本　　名に**
写真　　本籍地　　氏名

住所地や勤務地が変更した場合は？

その場合は書き替えしなくてもいいんだよ

問題7 　**解答** （2）

解説　製造所等の所有者等は，**甲種又は乙種危険物取扱者**で，**6ヶ月以上危**険物取扱いの実務経験を有する者のうちから危険物保安監督者を定める必要があります。従って，(5)のように2年以上の実務経験までは必要とされていません。なお，乙種は免状に指定された類のみの危険物保安監督者にしかなれません。

問題8 　**解答** （2）

解説　受講義務のある者は，「危険物取扱者の資格のある者」が「危険物の取扱い作業に従事している」場合で，

① 従事し始めた日から**1年**以内，その後は，「講習を受けた日以後における最初の4月1日から3年以内」に受講。

② 過去**2年以内**に**免状の交付**か**講習**を受けた者は，「その交付や受講日以後における最初の4月1日から3年以内」に受講する。

　従って，問題の「免状の交付を受けた後3年間，危険物の取扱いに従事していなかった者が，新たに危険物の取扱いに従事することとなった。」というのは，条件②の「過去2年以内に免状の交付を受けた者」に該当しないので，①の従事し始めた日から1年以内に受講しなければならない，ということになり，よって(2)が正解となります。

問題9 　**解答** （3）

解説　危険物施設から保安距離を保たなければならない建築物等，およびその距離は次のようになっています。（注：距離は「外壁」から取ります）

・特別高圧架空電線（7,000 Vを超え〜35,000 V以下） ………3 m 以上
・特別高圧架空電線（35,000 Vを超えるもの） …………5 m 以上
・住居（製造所等の敷地内にあるものを除く） …………10 m 以上
・高圧ガス等の施設 ……………20 m 以上
・多数の人を収容する施設（学校，病院など） …………30 m 以上
・重要文化財等 ……………50 m 以上

解答

こうして覚えよう！ ＜保安距離と保安対象物＞

保安官の	ト	ニー		さん	が（「ご」に変える）	
保安距離	10 m	20 m		30 m	50 m	距離
	↑	↑		↑	↑	
	過	ご（「が」に変える）す	学校	じゅう．	
	住む（住宅）	ガス			重要	

せい	いっぱい	外	と内	でガイダンス	する	保安
製造所	一般	屋外	屋内	屋外タンク		対象物

(1)の大学，短期大学は，「多数の人を収容する施設」に該当しないので対象外，(2)の住居も製造所等と同一敷地内に存するので対象外，(4)の特別高圧埋設電線は対象外（対象となるのは特別高圧架空電線で，7000 V 超が対象），(5)の絵画を保管する単なる倉庫は対象外になります（保安距離の対象となるのは重要文化財となる建築物）。

問題10 **解答** (5)

解説 (1) 原則として直火を用いない構造とする必要がありますが，「安全上安全な場所に設けられているとき，又は当該設備に火災を予防するための附帯設備を設けたときは，この限りでない。」とあるので，例外も有り，誤りです。

(2) 屋根は耐火構造ではなく，「**不燃材料で造るとともに金属等の軽量な不**

燃材料でふくこと」となっており，また，天井に関する規定はありません。

(3)　建築物の床は，「危険物が浸透しない構造とするとともに，適当な傾斜をつけ，かつ，貯留設備（「ためます」など）を設けなければならない。」となっているので誤りです。

(4)　屋外の低所ではなく**高所**です（よく出題されるので要注意！）。

(5)　建築物は，地階を有してはならないので正しい。

問題11　**解答**　(2)

解説　(1)　固定給油設備の周囲の空地は，給油取扱所の周囲の地盤面より**高**くする必要があり，また，アスファルトのような浸透性のものではなく，**コンクリート**など，漏れた危険物が浸透しないもので舗装する必要があります。

(3)　自動車の一部または全部が給油空地からはみ出たまま給油しないようにする必要があります。

(4)　自動車の洗浄を行うときは，**引火点を有する液体洗剤**を使用することはできません。

(5)　屋内給油取扱所は，**消防法別表第1(6)項**に掲げる用途に供する防火対象物（**幼稚園**，**特別支援学校**，**病院**，**診療所等**，**特別養護老人ホーム**などの**福祉施設等**）には設置することができません。

問題12　**解答**　(4)

解説　(4)の屋内貯蔵所においては，危険物の温度が**55℃**を超えないようにする必要があるので誤りです。(2)は，一般に，①　貯蔵タンクの**計量口**，②　貯蔵タンクの**元弁**および**注入口のふた**，及び，③　屋外貯蔵タンクの防油堤内の**水抜き口**等…は通常は「閉鎖」しておく必要があるので，正しい。

計量口や元弁および注入口のふた　⇒　通常は「閉鎖」

問題13 **解答** (3)

解説 (1) すべてではなく，危険物の類の組み合わせによって混載ができる場合とできない場合があります。

(2) アセトンは，第4類危険物の水溶性第1石油類なので，危険等級はⅡであり，また，注意事項は「**火気厳禁**」になります。

(4)，(5) 固体と液体がそれぞれ逆になっています ((4)は液体危険物の規定，(5)は固体危険物の規定)。

解答

問題14 **解答** (4)

解説 小型消火器は，(5)の乾燥砂と同じく，第5種消火設備です。

なお，第5種消火設備には小型消火器のほか，乾燥砂，水バケツ，水槽などがあります。

| 小型消火器 | 乾燥砂 | 水バケツ | 水槽 |

第5種消火設備

問題15 **解答** (2)　(CとD)

解説 C 可燃性蒸気の滞留している場所で火花を発する機械器具や工具等を使用することはできないので，誤りです。

D 危険物に対する知識のないものに消防作業等に従事させることは危険なので誤りです。よってCとDの2つが該当しません。

なお，所有者等が公共用水道の**制水弁**（流量を調節する弁）を開かなければならない，という出題例もありますが，所有者等にそのような権限はないので，×になります。

第1回

基礎的な物理学及び基礎的な化学

問題16 **解答** (4)

解説 図の1気圧のラインと温度に注目すると，(a) は 0℃ 以下になるので，氷 (**固体**)，(b) は 0℃ から 100℃ までの状態を示しているので水 (**液体**)，(c) は 100℃ 以上ということで蒸気 (**気体**) ということになります（Aは**昇華曲線**，Bは**融解曲線**，Cは**蒸気圧曲線**といいます）。

問題17 **解答** (4)

解説 このガソリンは，タンクに満たされている，つまり，1,000ℓ 一杯入っているので，タンク外に流出する量は，温度上昇による膨張分だけになります。温度上昇による膨張分は次の式より求まります。

増加体積＝元の体積×体膨張率×温度差

元の体積は 1,000ℓ，体膨張率は $1.35×10^{-3}$（K^{-1} は 1/K のことで，1K あたり，つまり1度あたりという意味で，計算の際は無視してもかまいません），温度差は，35℃－15℃＝20K（温度差の場合はKで表す）なので，計算すると

増加体積＝元の体積×体膨張率×温度差

$= 1,000×1.35×10^{-3}×20$

$= 1.35×20$（注：10^{-3} は $\dfrac{1}{10^3}=\dfrac{1}{1,000}$ のことです）

$= 27\ [ℓ]$ となります。

なお，ガソリンなどを容器に保管する際に空間をつくる理由は，この熱膨張によりガソリンなどの体積が増加するからです。

問題18 **解答** (2)

解説 静電気が帯電しただけでは発火の危険性はありませんが，それが何らかの原因で放電して静電火花が生じると，可燃性ガスが発火する危険性があります。従って，放電するときのエネルギーが大きい ⇒ 静電火花が生じや

すい ⇒ 可燃性ガスが発火しやすい，となるので，放電するときのエネルギーの大小は，可燃性ガスの発火に影響します。

解答

(1)　静電気は絶縁抵抗（電気抵抗）が大きいほど発生しやすいので正しい。

(3)　静電気は湿度が低い（乾燥している）ほど発生しやすく，逆に湿度が高いと静電気がその水分に逃げるので帯電しにくくなります。
　　　従って，静電気が汗や湿気に逃げるので帯電しにくくなり，正しい。

(4)　たとえば，ナイロンなどの合成繊維の衣類は木綿の衣類より発生しやすくなります。

(5)　従って，接触面積や接触圧力を**小さく**したり，あるいは，接触回数を**減らす**ことが静電気の発生を防止する対策となります。

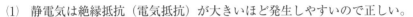

問題19　**解答**　(5)

解説　(1)の水は酸素と水素の**化合物**，海水は**混合物**，(2)の硫黄は**単体**，プロパンは**化合物**，(3)の酸素と水素は**単体**，(4)の硫酸と硝酸は**化合物**（注：希硫酸は**混合物**です！），そして，(5)の灯油，ガソリンとも**混合物**になります。

問題20　**解答**　(1)　（Bのみが正しい）

解説　一般に，炭素（C）を含む化合物を**有機化合物**といいます（第4類危険物は有機化合物です）。Aは，後半の一酸化炭素が誤りで，正しくは，**二酸化炭素**，Cは，「一般に，水に**溶けにくい**」が正しい（有機溶媒には溶け

やすい）。Dは，「無機化合物に比べ融点または沸点の**低い**ものが多い。」と
なります。Eは，「有機化合物は，空気中で**燃焼**して<u>二酸化炭素と水</u>を生じ
る」ので，「不燃性」というのは誤りです。よって，**B**のみが正しい。

問題21　　**解答**　(3)

解説　物質を燃焼させるためには，燃えるもの（可燃物）と空気（酸素供給
源）およびライターなどの火（点火源）が必要です。この**可燃物**と**酸素供給
源**および**火源（点火源）**の3つを燃焼の3要素と言います。

> **こうして覚えよう！**　　＜燃焼の三要素＞
>
> **燃焼を　　さ　　か　　て　　（逆手）にとれば消火になる**
> 　　　　　酸素　可燃物　点火源

(1)　酸素供給源には，空気や酸素のほか，酸化剤（第1類や第6類の危険物
など）も含まれるので，正しい。

(2)　これ以上酸素と化合できない，ということは「燃焼できない」というこ
とで，可燃物ではないので正しい。なお，**一酸化炭素は可燃物**なので，注
意。

(3)　気化熱は，<u>液体が気体に変化するときに物質が吸収する熱量</u>で，融解熱
は，<u>固体が液体に変化するときに物質が吸収する熱量</u>で，いずれも物質の
状態を「液体から気体」または「固体から液体」に変化させるだけに費や
される熱（潜熱という）であり，物質の温度は上昇させないので，点火源
にはなりません（誤り）。

(4)　正しい。

(5)　燃焼とは「**熱と光を伴う酸化反応**」なので，酸化反応が吸熱の場合は熱
を伴わないので，燃焼せず，よって，可燃物ではない，ということになり
ます。

問題22　**解答**　(3)

解説　硫黄は，ナフタリンなどと同じく固体ではありますが，蒸発して燃焼をする**蒸発燃焼**なので，分解燃焼は誤りです。

(1)　ニトロセルロースはセルロイドの原料になるもので，第5類の危険物であり，その燃焼の仕方は内部燃焼なので，正しい。

(2)　木炭やコークスは，熱分解や気化することなく，表面だけが燃える表面燃焼なので正しい。

(4)　正しい。なお，**石炭**は**分解**燃焼ですが，(2)の**木炭**は**表面**燃焼なので間違わないように！（注：表面燃焼は炎が出ないので**無炎燃焼**ともいう）

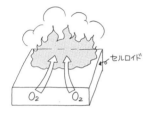

(1)　内部燃焼

(2)　表面燃焼

(3)　固体の蒸発燃焼

(4)　分解燃焼

(5)　液体の蒸発燃焼

問題23　**解答**　(3)

解説　まず，「発熱量」と「空気との接触面積」は，＜大きいほど燃えやすいもの＞に該当し，両方とも「大」が正解です。従って，(3)と(4)がその条件に当てはまります。

　次に「水分」ですが，水分は＜少ない（小さい）ほど燃えやすいもの＞に該当するので，「少」が正解です。従って，(3)と(4)のうち，(3)の方が「少」

となっているので，これが正解となります。

問題24　**解答** (2)

解説　除去消火法とは，酸素ではなく**可燃物**を取り除いて消火する方法なので，誤りです。

(5)　燃焼物を泡で覆うことによる**窒息効果**で消火するので正しい。

問題25　**解答** (2)

解説　二酸化炭素消火剤は液化ガスであり，粉末および泡消火剤のように機器等を汚損させることはないので，正しい。

(1)　二酸化炭素は炭素が完全燃焼したものであり，**不燃性の安定した消火剤**なので，消火中に突然爆発することはなく，誤りです。

(3)　二酸化炭素消火剤は電気絶縁性が**良く**，電気火災にも使用できるので誤りです（その他，油火災にも使用できますが，普通火災には使用できません）。

(4)　二酸化炭素消火剤は液化ガスであり，**経年で変質しにくく長期貯蔵が可能な消火剤**なので，誤りです。

(5)　二酸化炭素そのものは無害ですが，密閉された場所で使用すると**窒息性**があり，人体に影響があるので，誤りです。

二酸化炭素
消火器

危険物の性質並びにその火災予防及び消火の方法

問題26　**解答** (2)

解説　引火性液体の燃焼は分解燃焼ではなく**蒸発燃焼**です。

(3)は第3類，(5)は第5類の危険物です。

蒸発燃焼

問題27 **解答** (4)

解説 一般に，第4類危険物は電気の**不良導体**であり，静電気が蓄積されやすいので，誤りです。

(1) 第4類危険物は，常温常圧で液体であり，蒸気は可燃性であるので正しい。

(2) **二硫化炭素やグリセリン**のように比重が1より大きいものもありますが，一般に第4類危険物の比重は1より小さいものが多いので正しい。

(3) **石油臭**や**芳香臭**などの臭気を有するものが多いので正しい。

(5) 引火点が**40℃**の灯油より**−40℃**のガソリンの方が引火の危険性が高いので，正しい。

問題28 **解答** (3)

解説 **高温体**との接近を避けることによって危険物の温度が上昇するのを防止し，また，発生した蒸気は屋外の**高所**に排出することによって地上に落下する間に拡散させるか，または**換気**（通風）を良くして蒸気の拡散を図ります。また，容器に収納する場合は，温度上昇による体膨張によって容器が破損しないよう，容器に**若干の空間を残して**危険物を詰め，そして，蒸気が漏えいしないように密栓をします。

　従って，(3)が正解となります。

炎や火花 または高温体と
接近させない

若干の空間

容器に詰めるときは
若干の空間を残す

問題29 **解答** (2)

解説 A 正しい。ガソリンの方が**水より軽い**ので，水に浮いて燃焼面積を拡大させるため危険です。

B～D 誤り。

E 正しい。水に浮いたガソリンが側溝等を伝わり，遠方まで押し流されるおそれがあるので，危険です。

問題30 **解答** (1)

解説 A 特殊引火物の沸点は，第4類危険物の中でも最も低い部類に入りますが，アセトアルデヒドの沸点はその中でも極めて**低く**（20℃），非常に**揮発**しやすい物質なので，誤り。

B ジエチルエーテルの燃焼範囲は，**1.9～36.0 vol%**と広いので，正しい。

C 二硫化炭素には刺激臭があり，また，水に**溶けにくく**，かつ，水より**重い**ので，誤り。なお，この水に**溶けにくく**，かつ，水より**重い**という性質を利用して，貯蔵する際は，**液面に水を張り**，貯蔵タンクそのものを水槽に入れて**水没**させるという方法により，**可燃性蒸気の発生を抑制**します。

D 正しい。なお，重合反応というのは，物質が結合して大きい分子量の物質になる反応のことをいいます。

E 正しい。二硫化炭素の発火点は，**90℃**と極めて低く，水の沸点（100℃）より低い温度でも点火源なしで発火するので，非常に危険です。

問題31 **解答** (1)

解説 ガソリンの発火点は約**300℃**なので正しい。

(2) 第1類の危険物と混触すると，発火の危険性があります。

(3) 静電気の火花が着火源となって発火することもあるので，誤りです。

(4) 蒸気と空気の混合割合が1：9ということは，混合気におけるガソリンの体積%が10 vol%ということになります。ガソリンの燃焼範囲は**1.4～7.6 vol%**なので，10 vol%ということは図のように燃焼範囲**外**となります。従って，蒸気と空気の混合割合が1：9では引火せず，誤りです。

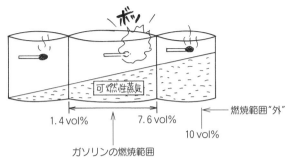

ガソリンの燃焼範囲

(5) 第4類危険物の蒸気は空気よりも**重い**ので誤りです。

問題32 **解答** (2)

解説 クロロベンゼンは第2石油類であり，特有の**石油臭**があるので正しい。

(1) クロロベンゼンの比重は約1.1なので水より**重く**誤りです。なお，第4類危険物で他に水より**重い**ものには，**二硫化炭素**（特殊引火物）や**酢酸**（さくさん…第2石油類）などがあります。

(3) 第4類危険物は，一般に水に溶けないものが多く，このクロロベンゼンもやはり溶けないので誤りです（注：アルコールには溶けます）。

(4) 第4類危険物の蒸気は，空気より**重い**ので誤りです。

(5) 乙4試験の場合，一般的に燃焼範囲の数値自体を問う問題は，一部の重要な危険物（ガソリンなど）を除いて，まず出題されることはありません。従って本問のように，クロロベンゼンの燃焼範囲を覚えてなければ解けない，というような問題は，まず不正解と考えてよいので，よって，×です（正解は1.3～9.6 vol%）。

問題33 **解答** (2)

解説 (2) 軽油の沸点は**170～370℃**なので，水の沸点（**100℃**）より**高く**，誤り。

(5) 軽油の引火点は**45℃**なので，常温（**20℃**）より**高く**，また，ガソリンの引火点は**−40℃ 以下**なので，ガソリンよりも**高く**，正しい。

第1回

問題34 **解答** (2)

解説 重油は水より**軽い**（比重が1より小さい）ので，誤りです。

(1) 重油は第3石油類の<u>非水溶性</u>（＝水に溶けない）なので，正しい。

(3) 重油の発火点は，約 **250～380℃** と 100℃ より高いので正しい。

(4) 3種重油（C重油）の引火点は，**70℃以上**なので，正しい。

(5) 正しい。

問題35 **解答** (5)

解説 (1) アセトンの比重は **0.79** なので，水より**軽い**物質です。

(2) アセトンの沸点は **57℃** なので揮発しやすい物質です。

(4) 引火点は，アセトンが**−20℃**，ガソリンが**−40℃以下**なので，ガソリンより高くなっています。

(5) アセトンは水に**溶け**，また，アルコールやジエチルエーテルなどの有機溶媒にもよく**溶けます**。

> 消防法別表第1の備考には，各品名の主な内容が説明されておる。その説明の際に使用されている危険物がこれじゃ。見てすぐにわかると思うが，これらの危険物は第4類の中でも特に重要な危険物なのじゃ。
>
> 従って，このことを常に頭においておくとともに，特にアセトンとクレオソート油，及び二硫化炭素は，"忘れた頃に出題される危険物" という感があるので，その主な性質にも，できるだけ目を通しておくように。
> わかったかね？

特殊引火物…ジエチルエーテル，二硫化炭素
第一石油類…アセトン，ガソリン
第二石油類…灯油，軽油
第三石油類…重油，クレオソート油
第四石油類…ギヤー油，シリンダー油

第2回

乙種第4類危険物取扱者

模擬テスト

第2回

危険物に関する法令

問題1

次のうち，消防法別表第1に危険物の品名として掲げられているものはいくつあるか。

A 黄リン B 硝酸 C 鉄粉

D 過酸化水素 E アセチレン

(1) 1つ (2) 2つ (3) 3つ (4) 4つ (5) 5つ

問題2

法令上，次の危険物を同一場所で貯蔵する場合，指定数量の倍数が最も大きくなる組み合わせはどれか。

(1) ガソリン 400ℓ 灯油 1,000ℓ
(2) 灯油 1,000ℓ 重油 1,000ℓ
(3) ガソリン 600ℓ 重油 3,000ℓ
(4) 灯油 1,000ℓ 軽油 2,000ℓ
(5) ガソリン 400ℓ 軽油 2,000ℓ

問題3

法令上，製造所等を仮使用しようとする場合，市町村等への承認申請の内容として，次のうち正しいものはどれか。

(1) 屋内貯蔵所の変更の許可を受け，その工事期間中のみ許可された品名及び数量の危険物を貯蔵するため，変更部分の仮使用の申請をした。

(2) 屋内タンク貯蔵所の一部変更の許可を受け，その工事期間中及び完成検査を受けるまでの間，変更工事に係る部分以外の部分について，仮使用の申請をした。

(3) 屋外タンク貯蔵所の一部変更の許可を受け，その工事が完了した後，完成検査を受けるまでの間，工事が終了した部分のみの仮使用の申請をした場合。

(4) 給油取扱所の一部変更の許可を受け，その工事期間中に完成検査前検査

に合格した地下専用タンクについて，仮使用の申請をした場合。
(5) 移送取扱所の完成検査の結果，不良箇所があり不合格になったので，不良箇所以外について，仮使用の申請をした場合。

問題 4

法令上，製造所等の使用停止命令に該当しないものは，次のうちどれか。
(1) 定期点検を実施しなければならない製造所等で，これを期間内に実施していないとき。
(2) 製造所等における危険物の貯蔵及び取扱いを休止し，その旨の届出を怠っているとき。
(3) 完成検査を受けずに，製造所等を全面的に使用したとき。
(4) 変更許可を受けないで，製造所等の位置，構造又は設備を変更したとき。
(5) 危険物の貯蔵又は取扱基準の遵守命令に違反したとき。

問題 5

法令上，次のA～Eの製造所等のうち，定期点検を行わなければならないもののみを掲げているものはどれか。
    A　第1種販売取扱所　　B　屋内タンク貯蔵所　　C　移動タンク貯蔵所
    D　地下タンクを有する給油取扱所　　　E　簡易タンク貯蔵所
(1) AとB　　　(2) BとC　　　(3) CとD
(4) DとE　　　(5) EとA

問題 6

法令上，危険物取扱者以外の者の危険物の取扱いについて，次のうち誤っているものはどれか。
(1) 製造所等では，甲種危険物取扱者の立会いがあれば，すべての危険物を取り扱うことができる。
(2) 製造所等では，第1類の免状を有する乙種危険物取扱者の立会いがあっても，第2類の危険物の取扱いはできない。
(3) 製造所等では，丙種危険物取扱者の立会いがあっても，危険物を取り扱うことはできない。

⑷　製造所等以外の場所では，危険物取扱者の立会いがなくても，指定数量未満の危険物を市町村条例に基づき取り扱うことができる。

⑸　製造所等では，危険物取扱者の立会いがなくても，指定数量未満であれば危険物を取り扱うことができる。

問題 7

法令上，免状について，次のうち正しいものはどれか。

⑴　乙種危険物取扱者の免状の交付を受けている者は，丙種危険物取扱者が取り扱うことができる危険物をすべて取り扱うことができる。

⑵　免状を亡失し，再交付を受けようとするときは，亡失した日から10日以内に，亡失した区域を管轄する都道府県知事に届け出なければならない。

⑶　免状の返納を命じられた者は，その日から起算して2年を経過しないと免状の交付を受けられない。

⑷　免状を汚損した場合は，その免状の交付又は書替えをした都道府県知事に，その再交付を申請することができる。

⑸　免状は，それを取得した都道府県の区域内だけで有効である。

問題 8

法令上，危険物保安監督者の業務として定められていないものは，次のうちどれか。

⑴　危険物の取扱作業の実施に際し，貯蔵及び取扱いの技術上の基準に適合するように，作業者に対し必要な指示を与えること。

⑵　危険物施設保安員を置かなくてもよい製造所等においては，規則で定める危険物施設保安員の業務を行うこと。

⑶　火災等の災害の防止に関し，当該製造所等に隣接する製造所等その他関連する施設の関係者との間に連絡を保つこと。

⑷　製造所等の位置，構造または設備の変更，その他法に定める諸手続に関する業務を行うこと。

⑸　火災等の事故が発生した場合は，作業者を指揮して応急の措置を講ずること。

問題 9

法令上，危険物の取扱作業の保安に関する講習について，次のうち正しいものはどれか。

(1) 甲種危険物取扱者と乙種危険物取扱者のみが受講しなければならない。

(2) 免状の交付を受けている者は 10 年ごとの更新時に受講しなければならない。

(3) 法令に違反した者は 1 年に 1 回受講しなければならない。

(4) 危険物保安監督者に選任された者のみが受講しなければならない。

(5) 製造所等において危険物の取扱作業に従事していない危険物取扱者は，受講の義務はない。

問題 10

法令上，学校，病院等の建築物等から，一定の距離を保たなければならない旨の規定が設けられている製造所等は，次のうちどれか。

(1) 給油取扱所　　　(2) 販売取扱所

(3) 屋内貯蔵所　　　(4) 屋内タンク貯蔵所

(5) 移動タンク貯蔵所

問題 11

製造所の基準について，次のうち誤っているものはどれか。

(1) 電動機及び危険物を取り扱う設備のポンプ，弁，接手等は，火災予防上，支障のない位置に取り付けなければならない。

(2) 建築物には採光，照明，換気の設備を設けること。

(3) 指定数量の倍数が 5 以上の製造所には，周囲の状況によって安全上支障のない場合を除き，避雷設備を設けなければならない。

(4) 静電気が発生する恐れのある設備では，接地など静電気を有効に除去する装置を設けること。

(5) 危険物を加圧する設備または圧力が上昇するおそれのある設備には，圧力計及び安全装置を設けること。

法令上，製造所等における危険物の貯蔵及び取扱いの技術上の基準について，次のうち誤っているものはどれか。

⑴ 危険物が残存しているおそれがある設備，機械器具，容器等を修理する場合は，残存する危険物に注意して溶接等の作業を行うこと。

⑵ 危険物のくず，かす等は1日に1回以上，当該危険物の性質に応じて安全な場所で廃棄等の処置をしなければならない。

⑶ 貯蔵所においては，原則として危険物以外の物品を貯蔵しないこと。

⑷ 整理整頓を行うとともに，みだりに空箱その他の不必要な物件を置かないこと。

⑸ 危険物を貯蔵し，又は取り扱う場合には，危険物が漏れ，あふれ又は飛散しないように必要な措置を講じなければならない。

法令上，危険物を収納した運搬容器を車両で運搬する場合の積載方法と運搬方法の基準について，次のうち誤っているものはどれか。

⑴ 運搬容器の収納口は，上方に向けて積載しなければならない。

⑵ 危険等級Ⅰの危険物には，第4類危険物では特殊引火物，第3類危険物ではカリウム，ナトリウムのほか黄リンも該当する。

⑶ 危険等級Ⅱの危険物には，第4類危険物では第1石油類とアルコール類，第2類危険物では赤リンや硫黄が該当する。

⑷ 塊状の硫黄を運搬する場合は，運搬方法の技術上の基準は適用されない。

⑸ 指定数量以上の危険物を運搬する場合において，休憩のため車両を一時停止させるときは，安全な場所を選び，かつ，運搬する危険物の保安に注意しなければならない。

法令上，製造所等に設ける消火設備について，次のうち誤っているものはどれか。

⑴ 消火設備には第1種から第5種までである。

⑵ 地下タンク貯蔵所には，貯蔵し，又は取り扱う危険物の種類に関係なく，

消火に適応する第3種の消火設備を2個以上設けなければならない。

⑶ スプリンクラー設備は第2種の消火設備である。

⑷ 二酸化炭素を放射する大型の消火器は，第4種の消火設備である。

⑸ 移動タンク貯蔵所に消火粉末を放射する消火器を設ける場合は，充てん量が 3.5 kg 以上の自動車用消火器を2個以上設けなければならない。

第2回

問題

問題15

法令上，製造所等に設ける標識，掲示板について，次のうち誤っているものはどれか。

⑴ 屋外タンク貯蔵所には，危険物の類別，品名及び貯蔵又は取扱最大数量並びに危険物保安監督者の氏名又は職名を表示した掲示板を設けなければならない。

⑵ 移動タンク貯蔵所には，黒地の板に黄色の反射塗料で，「危」と記した 0.3 m 平方以上，0.4 m 平方以下の標識を車両の前後の見やすい箇所に掲げること。

⑶ 第4類の危険物を貯蔵する地下タンク貯蔵所には，「取扱注意」と表示した掲示板を設けなければならない。

⑷ 給油取扱所には，「給油中エンジン停止」と表示した掲示板を設けなければならない。

⑸ アルカリ金属の過酸化物を貯蔵する屋内貯蔵所には，青地に白文字で「禁水」と記した掲示板を設置すること。

═══基礎的な物理学及び基礎的な化学═══

問題16

静電気について，次のうち正しいものはどれか。

⑴ 静電気は，エタノールなどの電気の不導体には蓄積されない。

⑵ 静電気は，銅などの金属では発生しない。

⑶ 静電気は，ガソリン，灯油などの運搬や給油時などに発生しやすい。

⑷ 静電気は，湿度が高いときに蓄積されやすい。

⑸ 静電気は，直射日光に長時間さらされたときに帯電しやすい。

第2回

問題17

物理変化および化学変化に関する説明として、次のうち誤っているものはどれか。

(1) 炭素が燃焼して、二酸化炭素になる反応は化合である。
(2) 結晶性の物質が、空気中で粉末状になる変化を潮解という。
(3) 酸素と他の物質との間に行われる化合を一般に酸化という。
(4) 他の物質と作用して酸化を起こさせる物質を一般に酸化剤という。
(5) 酸化物が酸素を失ったり、物質が水素と化合することを還元という。

問題18

次の文章の（ ）内のA～Dに入る語句の組合せとして、正しいものはどれか。

「塩酸は酸なので、pHは7より（ A ）、また、水酸化ナトリウムの水溶液は塩基なので、pHは7より（ B ）、塩酸と水酸化ナトリウム水溶液を反応させると、食塩と水ができるが、この反応を（ C ）という。なお、この反応で生じたpH7の食塩水は、（ D ）である。」

	A	B	C	D
(1)	小さく	大きい	還元	アルカリ性
(2)	大きく	小さい	酸化	酸性
(3)	小さく	大きい	中和	中性
(4)	大きく	小さい	中和	中性
(5)	小さく	大きい	酸化	酸性

問題19

酸化剤と還元剤について、次のうち誤っているものはどれか。

(1) 他の物質を酸化しやすい性質のあるもの…………酸化剤
(2) 他の物質に水素を与える性質のあるもの…………還元剤
(3) 他の物質に酸素を与える性質のあるもの…………酸化剤
(4) 他の物質を還元しやすい性質のあるもの…………還元剤
(5) 他の物質から酸素を奪う性質のあるもの…………酸化剤

問題20

燃焼等について，次のうち正しいものはどれか。

(1) 可燃性固体の燃焼では，空気中の酸素濃度を高くすれば燃焼は激しくなる。

(2) 可燃性液体のように，発生した蒸気がそのまま燃焼することを内部（自己）燃焼という。

(3) 沸点の高い可燃性液体には，引火点がない。

(4) 燃焼は全て炎のある酸化反応である。

(5) 分子内に酸素を含んでいる物質の燃焼を表面燃焼という。

問題21

有機化合物について，次のうち誤っているものはいくつあるか。

A 第1級アルコールを酸化すると，アルデヒドになる。

B アルデヒドを酸化すると，カルボン酸になる。

C 第2級アルコールを酸化すると，カルボン酸になる。

D アルデヒドは，強い酸化性を有している。

E 同じ分子式のアルコールとエーテルは，異性体である。

(1) 1つ (2) 2つ (3) 3つ (4) 4つ (5) 5つ

問題22

ある危険物の引火点，発火点および燃焼範囲を測定したところ，次のような結果を得た。

引火点…………40℃

発火点…………220℃

燃焼範囲………1.1〜6.0 vol%

次の条件のみで，燃焼の起こらないものはどれか。

(1) 蒸気5ℓと空気95ℓとの混合気体に点火した。

(2) 400℃の高温体に接触させた。

(3) 蒸気が2ℓ含まれている空気98ℓに点火した。

(4) 300℃まで加熱した。

(5) 液温が常温（20℃）のとき炎を近づけた。

問題23

一酸化炭素と二酸化炭素に関する性状の比較において，次のうち誤っているものはどれか。

	一酸化炭素	二酸化炭素
(1)	液化しにくい	液化しやすい
(2)	燃える	燃えない
(3)	水にわずかに溶ける	水によく溶ける
(4)	毒性が強い	毒性が弱い
(5)	空気より重い	空気より軽い

問題24

容器内で燃焼している動植物油に注水すると危険な理由として，最も適切なものは次のうちどれか。

(1) 高温の油と水の混合物は，単独の油より引火点が低くなるから。
(2) 注水が空気を巻き込み，火災および油面に酸素を供給するから。
(3) 油面をかき混ぜ，油の蒸発を容易にさせるから。
(4) 水が激しく沸騰し，燃えている油を飛散させるから。
(5) 注水によって有毒なガスが発生するから。

問題25

次の消火剤のうち，油火災に不適応なものはいくつあるか。

A　霧状の強化液　　　　B　二酸化炭素消化剤
C　霧状の水　　　　　　D　ハロゲン化物消化剤
E　棒状の強化液

(1) 1つ　　　　(2) 2つ　　　　(3) 3つ　　　　(4) 4つ　　　　(5) 5つ

＝＝危険物の性質並びにその火災予防及び消火の方法＝＝

問題26

危険物の類ごとの共通する性状について，次のうち正しいものはどれか。

(1) 分子内に酸素を含んでおり，他から酸素の供給がなくても燃焼するものがある。

(2) 引火性液体の燃焼は蒸発燃焼であるが，引火性固体の燃焼は主に表面燃焼である。

(3) 液体の危険物の比重は1より小さいが，固体の危険物の比重はすべて1より大きい。

(4) 保護液として，水，二硫化炭素およびメチルアルコールを使用するものがある。

(5) 危険物には常温（20℃）において，気体，液体および固体のものがある。

問題27

第4類危険物の一般的性状について，次の文の（ ）内のA〜Dに当てはまる語句の組合せとして，正しいものはどれか。

「第4類の危険物は，引火点を有する（ A ）である。比重は1より（ B ）ものが多く，蒸気比重は1より（ C ）ものが多い。また，電気の（ D ）であるものが多く，静電気が蓄積されやすい。」

	A	B	C	D
(1)	液体または固体	大きい	小さい	不導体
(2)	液体	大きい	大きい	導体
(3)	液体または固体	小さい	大きい	不導体
(4)	液体	小さい	小さい	導体
(5)	液体	小さい	大きい	不導体

問題28

エタノールやアセトンが大量に燃えているときの消火方法として，次のうち最も適切なものはどれか。

(1) 乾燥砂を散布する。

(2) 水溶性液体用泡消火剤を放射する。

(3) 膨張ひる石を散布する。

(4) 棒状注水する。

(5) 一般のたん白泡消火剤を放射する。

第 2 回

問題29

第 4 類の危険物の一般的な火災の危険性について，次のうち誤っているものはどれか。

(1) 沸点が低い物質は，引火の危険性が大である。

(2) 燃焼範囲の下限値の小さい物質ほど危険性は大である。

(3) 燃焼範囲の下限値が等しい物質の場合は，燃焼範囲の上限値の大きい物質ほど危険性は大である。

(4) 燃焼範囲の上限値と下限値との差が等しい物質の場合は，下限値の小さい物質ほど危険性は大である。

(5) 液体の比重の大きな物質ほど蒸気密度が小さくなるので，危険性は大である。

問題30

空気と長く接触し，更に日光にさらされたりすると，爆発性の過酸化物を生じる特殊引火物は次のうちどれか。

(1) 二硫化炭素　　　　(2) アセトアルデヒド

(3) 酸化プロピレン　　(4) ジエチルエーテル

(5) アセトン

問題31

自動車ガソリンの性状について，次のうち誤っているものはどれか。

(1) 燃焼範囲は，33〜47 vol%である。

(2) 流動，摩擦等により静電気が発生しやすい。

(3) 水より軽い。

(4) 蒸気は空気より重い。

(5) 水面に流れたものは，広がりやすい。

問題32

灯油と軽油に共通する性状について，次のうち誤っているものはどれか。

(1) 発火点は，100℃ より低い。

(2) 水より沸点が高い。

(3) 霧状にすると火が着きやすくなる。

(4) 蒸気は，空気より重い。

(5) 引火点は，常温（20℃）より高い。

問題33

ニトロベンゼンの性状について，次のうち誤っているものはどれか。

(1) 無色または淡黄色の液体である。

(2) 水よりも重い。

(3) 空気中で自然発火する。

(4) 特有の芳香を有している。

(5) 引火点は常温（20℃）より高い。

問題34

第4石油類について，次のうち誤っているものはどれか。

(1) 一般に水より軽いが，重いものもある。

(2) 粉末消火剤の放射による消火は，有効である。

(3) 引火点は，70℃以上200℃未満で，ギヤー油やシリンダー油などが該当する。

(4) 沸点は発火点より低い。

(5) 霧状にしたり，布にしみこませると火がつきやすくなる。

問題35

引火点の低いものから高いものの順になっているものは，次のうちどれか。

(1) 灯油　　　　　　　　→　ベンゼン　　　　　　→　重油

(2) 自動車ガソリン　　　→　メチルアルコール　　→　灯油

(3) 酢酸　　　　　　　　→　二硫化炭素　　　　　→　アセトン

(4) ジエチルエーテル　　→　潤滑油　　　　　　　→　ベンゼン

(5) 軽油　　　　　　　　→　酢酸メチル　　　　　→　シリンダー油

第2回テストの解答

危険物に関する法令

問題1 **解答** (4)

解説 Aの黄リンは**第3類**の危険物（注：赤リンは第2類の危険物です），Bの硝酸とDの過酸化水素は**第6類**の危険物，Cの鉄粉は**第2類**の危険物ですが，Eのアセチレンは気体なので，消防法でいう危険物には該当しません（消防法別表第1に掲げられていない）。従って，(4)の4つが正解です。

問題2 **解答** (3)

解説 第4類の中でも最も重要な危険物である，**ガソリン**，**灯油**，**軽油**，**重油**の指定数量は，次のゴロ合わせを利用して頭にたたきこんでおこう。

こうして覚えよう！
ガン　　**と**　　**銃**
ガソリン　灯油(軽油)　重油
二　　**セは**　　**ニセ**
200ℓ　1,000ℓ　2,000ℓ

さて，ガソリンの指定数量は200ℓ，灯油と軽油は1,000ℓ，重油は2,000ℓである，ということを頭に入れてそれぞれの指定数量を計算すると，

(1) $\dfrac{400}{200} + \dfrac{1,000}{1,000} = 2 + 1 = 3$ (2) $\dfrac{1,000}{1,000} + \dfrac{1,000}{2,000} = 1 + 0.5 = 1.5$

(3) $\dfrac{600}{200} + \dfrac{3,000}{2,000} = 3 + 1.5 = 4.5$ (4) $\dfrac{1,000}{1,000} + \dfrac{2,000}{1,000} = 1 + 2 = 3$

(5)　$\dfrac{400}{200} + \dfrac{2,000}{1,000} = 2 + 2 = 4$

従って，(3)の 4.5 倍が最も大きくなります。

問題3　解答　(2)

解説　(1)　誤り。仮使用は「変更工事に係る部分以外の部分」についての仮使用なので，「変更部分の仮使用」は誤りです。

(2)　正しい。仮使用とは，「製造所等の位置，構造，または設備を変更する場合に，**変更**工事に係る部分**以外**の部分の全部または一部を，**市町村長等**の**承認**を得て**完成検査前**に仮に使用すること」をいいます。

> 仮使用 ⇒ **変更工事以外**の部分を**承認**を得て仮に使用

(3)　誤り。仮使用は「変更工事に係る部分以外の部分」についての仮使用なので，「工事が終了した部分」では誤りです。

(4)　誤り。仮使用は「変更工事に係る部分以外の部分」についての仮使用であり，「完成検査前検査に合格した地下専用タンク」はこれに該当しないので，誤りです。

(5)　誤り。仮使用は「不良箇所以外」ではなく「変更工事に係る部分以外の部分」についての申請手続きなので，誤りです。

問題4　解答　(2)

解説　(1)(3)(4)は「許可の取り消し，または使用停止命令」の発令事由で，(5)は「使用停止命令」のみの発令事由です。（P 239「こうして覚えよう」参照）
　なお，使用停止命令のみの発令事由は，このほか，「危険物統括管理者または危険物保安監督者」の，①不選任，②保安に関する業務または保安の監督をさせていないとき，③解任命令違反，などがあります。

問題5 **解答** (3)

解説 定期点検を実施しなければならない製造所等は次の通りです。

● 定期点検を必ず実施する施設（移送取扱所は省略）

  ⇒ 地下タンクを有する施設と移動タンク貯蔵所

● 定期点検を実施しなくてもよい施設

  ⇒ 屋内タンク貯蔵所，簡易タンク貯蔵所，販売取扱所

　従って，Cの移動タンク貯蔵所とDの地下タンクを有する給油取扱所が正解となります。

問題6 **解答** (5)

解説 たとえ指定数量未満であっても，製造所等で危険物取扱者以外の者が危険物を取り扱う場合は，**甲種危険物取扱者**または当該危険物を取り扱うことができる**乙種危険物取扱者**の立会いが必要なので誤りです。

(1)〜(3)　製造所等で，危険物取扱者以外の者が危険物を取り扱う場合は，**甲種**か，またはその危険物を取り扱うことができる**乙種危険物取扱者**の立会いが必要です。また，丙種には立会い権限がないので，従って，(1)(2)(3)は正しい（注：丙種には「危険物取扱い」の立会い権限はありませんが，「定期点検」の立会いは行うことができます）。

(4)　「製造所等以外の場所で指定数量未満の危険物を取り扱う」とは，たとえば，家庭において灯油を取り扱う場合などに相当し，これは当然許されているので，正しい。

問題7 **解答** (4)

解説 (1)　乙種危険物取扱者でも第4類の免状の交付を受けている者は，丙種危険物取扱者が取り扱うことができる危険物をすべて取り扱うことができますが，他の類の危険物取扱者の場合は取り扱うことができないので，誤りです。

(2)　免状を亡失し，再交付を受けようとするときは，**免状を交付，または書き換えをした都道府県知事**に申請をします。従って，「亡失した日から10

日以内」と「亡失した区域を管轄する都道府県知事」が誤りです。

(3) 2年ではなく，**1年**を経過しないと免状の交付を受けることはできません。

(5) 免状は，それを取得した都道府県の区域内だけではなく，全国で有効です。

問題8 **解答** (4)

解説 製造所等の位置，構造または設備の変更，その他法に定める諸手続に関する業務は**製造所等の所有者等**が行う業務です。

なお，危険物保安監督者の主な業務は，(1)(2)(3)(5)のほか，「その他，危険物取扱作業の保安に関し，必要な監督業務」となっています。

問題9 **解答** (5)

解説 危険物の取扱作業に従事していなければ受講義務はないので，正しい。

(1) 講習を受講しなければならないのは，**危険物取扱者**で**危険物の取扱作業に従事している者**です。従って，危険物取扱作業に従事している**丙種**危険物取扱者にも受講義務があるので，誤りです。

(2) 危険物の取扱作業に従事していなければ受講義務はありません。

(3) 法令に違反した人が受ける講習ではないので誤りです。

(4) 危険物保安監督者のみが受ける講習ではないので誤りです。

問題10 **解答** (3)

解説 学校，病院等という保安距離の対象となる建築物が具体的に示されているので戸惑うかもしれませんが，要するに，**保安距離が必要な製造所等は次のうちどれか**，ということです。

従って，保安距離が必要な製造所等は「製造所，**屋内貯蔵所**，屋外貯蔵所，屋外タンク貯蔵所，一般取扱所」なので，(3)が正解です。

第2回

問題11　解答 (3)

解説 避雷設備を設けなければならないのは，指定数量の倍数が**10以上の製造所**，屋内貯蔵所，屋外タンク貯蔵所，一般取扱所の場合です。

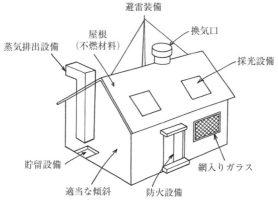

構造・設備の共通基準（製造所の例）

問題12　解答 (1)

解説 「残存する危険物に注意して」ではなく，「危険物を完全に除去した後に」修理を行わなければならないので，誤りです。

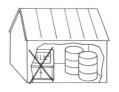

(2) 危険物のくず，かす等は1日に1回以上廃棄すること

(3) 危険物以外の物品を貯蔵しないこと

問題13　解答 (4)

解説 (2) 危険等級Iには，その他第6類危険物（すべて）も該当します。

(4) 塊状の硫黄であっても適用されます（塊状の硫黄については，**屋内貯蔵所**の方で「**容器に収納せずに貯蔵できる**」という特例があるので注意！）。

問題14 **解答** （2）

解説 「第3種の消火設備を2個以上」ではなく，「**第5種の消火設備（小型の消火器等）を2個以上**」設ける必要があります。

問題15 **解答** （3）

解説 (3) 第4類の危険物の場合は，「**火気厳禁**」の掲示板を設ける必要があります。

(5) 「**禁水**」は，一部の第1類と第3類ですが，第1類は**アルカリ金属の過酸化物のみ**です。なお，過去問題では，「アルカリ金属の過酸化物を貯蔵する屋内貯蔵所」ではなく，「アルカリ金属の過酸化物を**除く**第1類の危険物を貯蔵する屋内貯蔵所」と出題されているので，注意してください。

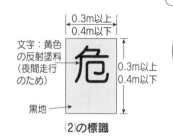

文字：黄色の反射塗料（夜間走行のため）

0.3m以上
0.4m以下

0.3m以上
0.4m以下

黒地

②の標識

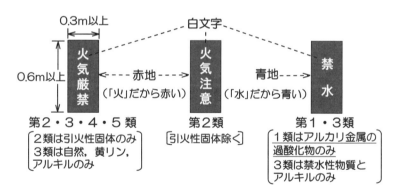

0.3m以上

白文字

0.6m以上

火気厳禁 ←－－赤地－－－→ 火気注意 ←－青地－－→ 禁水
　　　　　 「火」だから赤い　　　　　「水」だから青い

第2・3・4・5類　　　　第2類　　　　　第1・3類
〔2類は引火性固体のみ〕〔引火性固体除く〕〔1類はアルカリ金属の
〔3類は自然，黄リン，〕　　　　　　　　〔過酸化物のみ〕
〔　アルキルのみ　　　〕　　　　　　　　〔3類は禁水性物質と〕
　　　　　　　　　　　　　　　　　　　〔アルキルのみ　　　〕

═══ **基礎的な物理学及び基礎的な化学** ═══

問題16 **解答** （3）

解説 (1) 電気の不導体とは，電気を通しにくい**物体**ということで，静電気はその不導体ほど発生しやすく蓄積されやすいので，誤り。また，エタノールなどのアルコール類は不導体ではなく電気を通しやすい**導体**です。

⑵　静電気は，銅などの金属でも発生するので誤りです。

⑷　静電気は，湿度が**低い**とき，つまり，空気が乾燥しているときに蓄積されやすいので誤りです。

⑸　直射日光に長時間さらされただけでは帯電はしません。

問題17　**解答**　⑵

解説　結晶性の物質が，空気中で粉末状になる変化は**風解**です。なお，逆に物質が空気中の水分を吸って溶ける（溶解する）現象を**潮解**といいます。

問題18　**解答**　⑶

解説　ポイントは次のようになります。

（A）酸の pH は 7 より**小さい**

（B）塩基の pH は 7 より**大きい**

（C）**中和**とは，酸と塩基が反応して互いの性質を打ち消し合い，塩と水が生じる反応のこと。

（D）pH 7 は**中性**である。

問題19　**解答**　⑸

解説　物質が酸素と化合するか，または水素を失う反応のことを**酸化**といい，他の物質を酸化する物質を**酸化剤**といいます。

　反対に酸化物が酸素を失う，または水素と化合する反応を**還元**といい，他の物質を還元する物質を**還元剤**といいます。

　従って，⑸の「他の物質から**酸素を奪う**性質のあるもの」は，物質から酸素を失わせるわけですから，還元剤となり，よって誤りです。

問題20　**解答**　⑴

解説　可燃性固体に限らず可燃性液体であっても，空気中の酸素濃度を高くすれば燃焼は激しくなるので，正しい。

(2)　可燃性液体の燃焼は，発生した蒸気がそのまま燃焼するのではなく，空気と混合して燃焼する**蒸発燃焼**なので，誤りです。

蒸発燃焼

第2回

解答

(3)　沸点の高い可燃性液体にも引火点があるので，誤りです。

(4)　タバコや線香の燃焼のように，炎を出さずに燃焼する**表面燃焼**もあるので，誤りです。

(5)　分子内に酸素を含んでいる物質の燃焼は表面燃焼ではなく**内部燃焼**です。

問題21　**解答**　(2)　（C と D）

解説　A，B　正しい。第1級アルコールを酸化すると，**アルデヒド**になり，アルデヒドを酸化すると，**カルボン酸**になります。

C　誤り。第2級アルコールを酸化すると，**ケトン**になります。

D　誤り。アルデヒドは，強い**還元性**を有しています。

E　正しい。アルコールとエーテルは，分子式が同じでも，その構造が異なるので，**異性体**になります。

従って，誤っているのは，C，D の2つになります。

　なお，第1級アルコールとは，アルコールの炭素に結合した炭化水素基が1つのものをいいますが，そこまで覚える必要はありません。要は，次の酸化の変化だけ覚えてください。

〈アルコールの酸化〉

　　　　　　（酸化）　　　　　　　　　（酸化）
● 第一級アルコール ⇒ アルデヒド（－CHO） ⇒ カルボン酸（－COOH）

　　　　　　（酸化）
● 第二級アルコール ⇒ ケトン（＞CO）

問題22　**解答**　⑸

解説　⑴　蒸気 5ℓ と空気 95ℓ から，この可燃性蒸気の体積（容量）%を計算すると，$\dfrac{5}{5+95}\times100=5\,\mathrm{vol}\%$ となります。この危険物の燃焼範囲は 1.1 ～ $6.0\,\mathrm{vol}\%$ なので，$5\,\mathrm{vol}\%$ はその範囲内になるので，点火すると燃焼します（下図参照）。

⑵　この危険物の発火点は $220℃$ なので，$400℃$ の高温体に接触させると点火源がなくとも燃焼します。

⑶　⑴とは違い，空気 98ℓ には蒸気も含まれているので，体積%の計算式は次のようになります。

$$\dfrac{蒸気}{混合ガス}\times100=\dfrac{2}{98}\times100=2.04\,\mathrm{vol}\%$$

$2.04\,\mathrm{vol}\%$ は燃焼範囲内なので点火すると燃焼します（下図参照）。

⑷　この危険物の発火点は $220℃$ なので，$300℃$ まで加熱すると発火するので正しい。

⑸　この危険物の引火点は $40℃$ なので，液温が $20℃$ では液面上に引火するのに十分な可燃性蒸気が発生しておらず，炎を近づけても燃焼しません。よって，これが正解です。

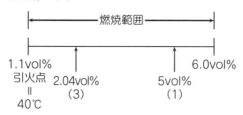

問題23　**解答**　⑸

解説　一酸化炭素は空気より**軽く**，二酸化炭素は空気より**重い**気体です。

なお，⑶については，二酸化炭素は水に溶け，その水溶液は**弱酸性**を示します。

第2回

解答

問題24　解答　(4)

解説 一般に，動植物油類などの油類は，水より**軽い**（比重が1より小さい）ので，注水すると水の表面に浮いて広がり，火面（燃焼面）が拡大して油を飛散させるので危険です。

問題25　解答　(2)

解説 油火災に不適応な消火剤は，**棒状の強化液**と水（**棒状，霧状とも**）なので，C，Eの2つが正解となります。

こうして覚えよう！ ＜油火災に不適当な消火剤＞

●**老いる**と**いやがる　凶暴　な　水**

オイル（油）　　　　　　　　強化液（棒状）　水

　　　　　　　⇩

・強化液（棒状）
・水（棒状・霧状とも）

＝＝＝危険物の性質並びにその火災予防及び消火の方法＝＝＝

問題26　解答　(1)

解説 自己反応性物質である**第5類**の危険物は，分子内に酸素を含んでおり，他から酸素の供給がなくても燃焼するので，正しい。

(2) 引火性固体は第2類の危険物ですが，その燃焼は主に**蒸発燃焼**なので誤りです。

(3) 液体の危険物でも比重が1より大きい**二硫化炭素**やグリセリンなどがあり，また固体の危険物でも比重が1より小さいカリウムや固形アルコールなどがあるので誤りです。

(4) 保護液として水を用いる危険物（二硫化炭素）はありますが，二硫化炭

素を保護液として用いる危険物はないので，誤りです。
(5) 常温において気体の危険物というのはないので誤りです。

問題27 **解答** (5)

解説 正解は，次のようになります。
「第4類の危険物は，引火点を有する（A：**液体**）である。比重は1より（B：**小さい**）ものが多く，蒸気比重は1より（C：**大きい**）ものが多い。また，電気の（D：**不導体**）であるものが多く，静電気が蓄積されやすい。」

問題28 **解答** (2)

解説 エタノールやアセトンは，**酸化プロピレンやアセトアルデヒド**などと同じく，**水溶性**（水に溶けやすい）の危険物なので，**水溶性液体用泡消火剤（耐アルコール泡）**を放射して消火するのが最も適切です。

水溶性危険物 　水溶性危険物には耐アルコール泡を使用します

問題29 **解答** (5)

解説 一般的に，液体の比重が大きいほど蒸気比重（蒸気密度）も大きく，引火点も**高い**ので，危険性は逆に低くなります。

問題30 **解答** (4)

解説 ジエチルエーテルは，空気と長く接触し，更に日光にさらされたりすると，**爆発性の過酸化物**を生じて，加熱，摩擦又は衝撃等により爆発する危険性があるので空気に触れないよう**密閉容器**に入れて冷暗所に貯蔵します。

問題31 **解答** (1)

解説 燃焼範囲は，1.4〜7.6 vol%なので誤りです。

こうして覚えよう！ <ガソリンの引火点と燃焼範囲>

ガソリンさんは　始終
　　　30(0)　　　(−)40
　　（発火点）　　（引火点）

石になろうとしていた。
1.4〜7.6
（燃焼範囲）

(2)(4)　第4類危険物に共通の特性です（(3)⇒ガソリンの比重は 0.65〜0.75）。

問題32 **解答** (1)

解説 灯油，軽油とも発火点は約 220℃ なので 100℃ より高く，誤りです。

(2)　灯油の沸点は 150℃ 以上，軽油の沸点は 200℃ 以上なので，水の沸点(1
気圧で 100℃) より高く，正しい。

問題33 **解答** (3)

解説 空気中で自然発火するのは，第3類の危険物や動植物油類の**乾性油**な
ので誤りです。

(1)　ニトロベンゼンは，無色または淡黄色の液体なので正しい。

(2)　ニトロベンゼンの比重は**1.2**なので，正しい。

(4)　特有の芳香を有しているので，正しい。

(5)　引火点は 88℃ なので，常温（20℃）より高く正しい。

第2回

問題34 **解答** (3)

解説 第4石油類の引火点は **200℃ 以上 250℃ 未満**です（後半は正しく、ギヤー油やシリンダー油などのほか、**潤滑油**、**切削油**の中にも該当するものが多くみられます）。

　なお、(2)の「粉末消火剤は有効」と(4)は、第4類危険物に共通する事項です。

問題35 **解答** (2)

解説 まず、引火点の高低を考える場合、おおむね、**特殊引火物 ⇒ 第1石油類 ⇒ アルコール類 ⇒ 第2石油類 ⇒ 第3石油類 ⇒ 第4石油類**という順に高くなっていきます（引火の危険性は逆に低くなっていきます）。従って、このような順に並んでいるものを探せばよいわけです。

(1) 灯油は**第2石油類**、ベンゼンは**第1石油類**なので、この時点で順序が逆になっており、従って、誤りです（重油は**第3石油類**です）。

(2) 自動車ガソリンは**第1石油類**、灯油は**第2石油類**なので、第1石油類 ⇒ アルコール類 ⇒ 第2石油類という順になっており、よって、これが正解です。

(3) 酢酸は**第2石油類**、二硫化炭素は**特殊引火物**なので、順序が逆になっており、誤りです（アセトンは**第1石油類**）。

(4) ジエチルエーテルは**特殊引火物**、潤滑油は**第4石油類**、ベンゼンは**第1石油類**なので、潤滑油とベンゼンが逆になっており、誤りです。

(5) 軽油は**第2石油類**、酢酸メチルは**第1石油類**なので、順序が逆になっており、誤りです（シリンダー油は**第4石油類**です）。

第3回

乙種第4類危険物取扱者

模 擬 テ ス ト

第3回

═危 険 物 に 関 す る 法 令═

問題 1

危険物の品名について，次のうち誤っているものはどれか。

(1) 二硫化炭素は特殊引火物に該当する。

(2) ベンゼンは第1石油類に該当する。

(3) 軽油は第2石油類に該当する。

(4) クレオソート油は第3石油類に該当する。

(5) グリセリンは第4石油類に該当する。

問題 2

法令上，同一の貯蔵所において，次の危険物を同時に貯蔵する場合，貯蔵量は指定数量の何倍か。

軽油……………………………………………3,000ℓ

ガソリン………………………………………1,000ℓ

エタノール……………………………………2,000ℓ

(1) 10倍　　(2) 11倍　　(3) 12倍　　(4) 13倍　　(5) 14倍

問題 3

予防規程について，次のうち正しいものはどれか。

(1) 予防規程の内容が不適当な場合に変更を命じることができるのは，消防長，または消防署長である。

(2) 予防規程は製造所等の所有者等が定め，市町村長等の認可が必要である。

(3) 予防規程を変更した時は市町村長等に届け出る必要がある。

(4) すべての製造所等の所有者は予防規程を定めなければならない。

(5) 自衛消防組織を設置していれば，予防規程を定めなくてもよい。

問題 4

次の表は，製造所等の各種手続きについてまとめたものである。正しいものはどれか。

	手続きが必要な場合	提出期限	届出先
(1)	危険物の品名，数量または指定数量の倍数を変更する時	変更しようとする日の10日前までに届け出る	消防長，または消防署長
(2)	製造所等の譲渡または引き渡し	譲渡または引き渡しをするまでに認可を得る	市町村長等
(3)	製造所等を廃止する時	遅滞なく届け出る	市町村長等
(4)	危険物保安統括管理者を選任，解任する時	選任又は解任する日の1週間前までに許可を得る	市町村長等
(5)	危険物保安監督者を選任，解任する時	選任又は解任する日の1週間前までに許可を得る	市町村長等

問題 5

法令上，製造所等以外の場所で，指定数量以上の危険物を仮に貯蔵し，又は取り扱う場合の基準について，次のうち正しいものはどれか。

(1) 市町村条例で定める技術上の基準に基づいて，貯蔵しなければならない。

(2) 仮に貯蔵し，又は取り扱うことができる期間は，7日以内である。

(3) 仮に貯蔵し，又は取り扱うことができる危険物の量は，指定数量の倍数が2以下としなければならない。

(4) 貯蔵する場合は，所轄消防長又は消防署長の承認を受けなければならない。

(5) 貯蔵する場合は，10日前までに，市町村長等に届け出なければならない。

問題 6

製造所等において，丙種危険物取扱者が取り扱うことができる危険物として，規則に定められていないものはどれか。

A　アセトン　　　　　B　第3石油類のうち，引火点が130℃ 以上のもの

C　固形アルコール　　D　第4石油類のすべて

E　第4石油類の潤滑油　F　メタノール

(1)　A，C　　　　(2)　A，C，F　　　(3)　B，C

(4)　B，D，E　　　(5)　C，F

問題7

　法令上，免状の書換え又は再交付等について，次のうち誤っているものはどれか。

(1)　居住地がA県からB県に変わったので，免状の書換えを申請した。

(2)　本籍がA県からB県に変わったので，免状の書換えを申請した。

(3)　結婚して姓が変わったので，免状の書換えを申請した。

(4)　免状を亡失したので，その免状の交付を受けた都道府県知事に再交付の申請をした。

(5)　消防法又はこれに基づく命令の規定に違反して免状の返納を命ぜられた場合，1年を経過すれば再び免状の交付を受けることができる。

問題8

　法令上，危険物取扱者の保安に関する講習について，次のうち正しいものはどれか。

(1)　製造所等で，危険物保安監督者に選任された者は，選任後5年以内に講習を受けなければならない。

(2)　現に，製造所等において，危険物の取扱作業に従事していない者は，免状の交付を受けた日から10年に1回の免状の書換えの際に講習を受けなければならない。

(3)　法令違反を行った危険物取扱者は，違反の内容により講習の受講を命ぜられることがある。

(4)　現に，製造所等において，危険物の取扱作業に従事している者は，居住地若しくは勤務地を管轄する市町村長等が行う講習を受けなければならない。

(5)　危険物の取扱作業に従事することとなった日前2年以内に免状の交付または講習を受けている者は，当該免状の交付または講習を受けた日以後における最初の4月1日から3年以内に講習を受けなければならない。

問題9

危険物保安監督者について，次のうち誤っているものはどれか。

(1) 製造所においては，許可を受けた数量や品名に関わらず危険物保安監督者を定めなければならない。

(2) 危険物保安監督者を選任又は解任したときは市町村長等に届け出なければならない。

(3) 火災等の災害が発生した場合は，作業者を指揮して応急の措置を講じるとともに直ちに消防機関等に連絡しなければならない。

(4) 危険物保安監督者を定めるのは，製造所等の所有者等である。

(5) 特定の危険物なら，取り扱う製造所等で丙種危険物取扱者を危険物保安監督者に選任することができる。

問題10

法令上，**平家建としなければならない屋内タンク貯蔵所**の位置，構造及び設備の技術上の基準について，次のうち正しいものはどれか。

(1) タンク専用室は，屋根および天井を不燃材料で造らなければならない。

(2) タンク専用室は，原則として壁，柱及び床を耐火構造で造り，延焼のおそれのある外壁は出入口以外の開口部を有しない壁とすること。

(3) タンク専用室の床は，危険物が浸透しない構造とするとともに，傾斜のない構造としなければならない。

(4) タンク専用室の出入口は，床面と段差が生じないように設けること。

(5) 屋内貯蔵タンクの容量は，指定数量の倍数の30倍以下とすること。

問題11

法令上，**危険物に関する貯蔵及び取扱いの技術上の基準**について，次のうち誤っているものはどれか。

(1) 給油取扱所において自動車等を洗浄する時は引火点を有する液体洗剤を使わない。

(2) 移動貯蔵タンクから危険物を貯蔵し，又は取り扱うタンクにガソリンを注入するときは，当該タンクの注入口と移動貯蔵タンクの注入ホースを手

でしっかりと押さえておかなければならない。
⑶　一般取扱所では，貯留設備又は油分離装置にたまった危険物は，あふれないように随時くみ上げなければならない。
⑷　屋外貯蔵所において架台を設ける場合は，高さを6m未満としなければならない。
⑸　給油取扱所で自動車に給油する場合，たとえ自動車の一部であっても給油空地からはみ出たままで給油してはならない。

問題12

　法令上，危険物の運搬の技術上の基準において，灯油10ℓを収納するポリエチレン製の運搬容器の外部に行う表示として，定められていないものは，次のうちどれか。
⑴　「ポリエチレン製」　　⑵　「第2石油類」　　⑶　「危険等級」
⑷　「10ℓ」　　　　　　　⑸　「火気厳禁」

問題13

　給油取扱所の位置・構造及び設備の技術上の基準について，法令上，次のうち誤っているものはどれか。
⑴　壁，柱，床，はり及び屋根を耐火構造又は不燃材料で造り，窓及び出入口に防火設備を設けること。
⑵　給油空地及び注油空地の地盤面は，周囲の地盤面より高くするとともに，その表面に適当な傾斜をつけ，コンクリート等で舗装をすること。
⑶　地下専用タンク1基の容量は，10,000ℓ以下としなければならない。
⑷　固定給油設備（懸垂式を除く。）のホース機器の周囲には間口10m以上，奥行6m以上の給油空地を保有しなければならない。
⑸　物品の販売等の業務は，原則として建築物の1階で行うこと。

問題14

　法令上，第5種の消火設備の基準について，次の文のA，B，Cに該当する製造所等の組合せで，正しいものはどれか。

「第5種の消火設備は，（ Ａ ），簡易タンク貯蔵所，（ Ｂ ），給油取扱所，第1種販売取扱所又は第2種販売取扱所にあっては，有効に消火できる位置に設け，その他の製造所等にあっては防火対象物の各部分から一の消火設備に至る歩行距離が（ Ｃ ）以下となるように設けなければならない。」

	A	B	C
(1)	屋内貯蔵所	一般取扱所	10m
(2)	屋内タンク貯蔵所	移動タンク貯蔵所	10m
(3)	屋外タンク貯蔵所	地下タンク貯蔵所	30m
(4)	屋内タンク貯蔵所	屋外タンク貯蔵所	30m
(5)	地下タンク貯蔵所	移動タンク貯蔵所	20m

問題15

販売取扱所についての説明で，次のうち正しいものはどれか。

(1) 危険物を配合する室の床は危険物が浸透しない構造とし，また，出入口の高さは，床面から 0.1 m 未満としなければならない。

(2) 販売取扱所は，指定数量の倍数が 15 以下の第二種販売取扱所と指定数量の倍数が 15 を超え 40 以下の第一種販売取扱所とに区分される。

(3) 第一種販売取扱所は，建築物の二階に設置することができる。

(4) 危険物は，容器入りのままで販売しなければならない。

(5) 上階がある場合は，上階の床を不燃材料とすること。

═══ 基礎的な物理学及び基礎的な化学 ═══

問題16

0℃のある液体 100 g に 12.6 kJ の熱量を与えたら，この液体は何度になるか。ただし，この液体の比熱を 2.1〔J/g・K〕とする。

(1) 25℃　(2) 30℃　(3) 40℃　(4) 50℃　(5) 60℃

問題17

静電気について，次のうち誤っているものはどれか。

⑴ 引火性の液体や乾燥した粉体などを取り扱う場合は，静電気の発生に注意する。

⑵ 2つの異なる物質が接触して離れるときに，片方には正（＋）の電荷が，他方には負（－）の電荷が生じる。

⑶ 物質に発生した静電気は，そのすべてが物体に蓄積するのではなく，一部の静電気は漏れ，残りの静電気が蓄積する。

⑷ 静電気の蓄積を防止するには，電気絶縁性をよくすればよい。

⑸ ガソリンが配管を流れる場合，流速が速いほど静電気の発生量は多い。

問題18

単体，化合物および混合物について，次のうち誤っているものはどれか。

⑴ 水は酸素と水素に分解できるので化合物である。

⑵ 酸化アルミニウムは，1種類の元素からできているので単体である。

⑶ 赤りんと黄りんは，単体である。

⑷ 食塩水は，食塩と水の混合物である。

⑸ ガソリンは種々の炭化水素の混合物である。

問題19

酸化と還元の説明について，次のうち誤っているものはどれか。

⑴ 物質が水素と化合するか，または，酸化物が酸素を失うことを還元という。

⑵ 同一反応系において酸化と還元は同時に起こることはない。

⑶ 物質が酸素と化合するか，または，化合物が水素を失うことを酸化という。

⑷ 相手の物質を酸化するものを酸化剤というが，自身は還元される。

⑸ 酸化剤は還元されやすい物質であり，還元剤は酸化されやすい物質である。

問題20

次の文の（　）内のA〜Cに当てはまる語句の組合せとして，正しいものはどれか。

「物質が酸素と化合して（　A　）を生成する反応のうち，（　B　）の発生を伴う（　C　）を燃焼という。有機物が燃焼すると（　A　）に変わるが，酸素の供給が不足すると，生成物に（　D　），アルデヒド，ススの割合が多くなる。」

	A	B	C	D
(1)	酸化物	煙と炎	還元反応	二酸化炭素
(2)	還元物	熱と光	還元反応	一酸化炭素
(3)	酸化物	熱	分解反応	二酸化炭素
(4)	還元物	煙と炎	分解反応	一酸化炭素
(5)	酸化物	熱と光	酸化反応	一酸化炭素

問題21

次の文から，引火点および燃焼範囲の下限界の数値の組合せとして考えられるものはどれか。

「ある引火性液体は，液温 30℃ で液面付近に濃度 8 vol％の可燃性蒸気を発生した。この状態でマッチの火を近づけたところ引火した。」

	引火点	燃焼範囲の下限値
(1)	10℃	11 vol％
(2)	15℃	4 vol％
(3)	20℃	10 vol％
(4)	35℃	8 vol％
(5)	40℃	6 vol％

問題22

燃焼の一般的説明について，次のうち誤っているものはどれか。

(1) 燃焼は発熱と発光を伴う酸化反応である。

(2) 固体の可燃物の場合，細かく粉砕されているものは火がつきやすい。

(3) 液体の可燃物の場合，沸点が低いものは火がつきやすい。

(4) 可燃物と空気が接触していても，着火エネルギーが与えられなければ，燃焼は起こらない。

(5) 可燃物は，どんな場合でも空気がなければ燃焼しない。

第3回

問題23

可燃性蒸気の燃焼範囲の説明として，次のうち正しいものはどれか。

(1) 可燃性蒸気が燃焼するのに必要な熱源の濃度範囲のことである。

(2) 空気中において，可燃性蒸気が燃焼することができる気温の範囲のことである。

(3) 燃焼範囲によって発生するガスの濃度範囲のことである。

(4) 空気中において，可燃性蒸気が燃焼することができる濃度範囲のことである。

(5) 空気中において，可燃性蒸気が燃焼するのに必要な酸素量の範囲のことである。

問題24

次の消火方法と消火効果の組み合わせのうち誤っているものはどれか。

(1) ガスの元栓を閉めてガスコンロの火を消す。……………………除去効果

(2) 木材の火災に水をかけて消火する。………………………………冷却効果

(3) アルコールランプにふたをして消す。……………………………窒息効果

(4) 灯油が染みている布切れが燃えだしたので，近くにあった
砂をまいて消した。……………………………………………………窒息効果

(5) 油が燃えだしたので泡消火剤で消火した。……………………負触媒効果

問題25

水消火剤について，次のうち誤っているものはどれか。

(1) 油火災に用いると，炎を拡大してしまうおそれがある。

(2) 電気設備の火災に用いると，人体に対する感電の危険や設備が絶縁不良となる危険がある。

(3) 金属火災に用いると，通常燃焼している温度が高いので，水が水素と酸素に分解して爆発するおそれがある。

(4) 水は流動性がよく，燃焼物に長く付着することができないため，木材などの深部が燃えていると冷却効率が悪い。

(5) 水を噴霧状に注水すると，同じ量の水でもその表面積は小さくなって，蒸発潜熱により燃焼物から熱を奪う冷却効果が小さくなる。

危険物の性質並びにその火災予防及び消火の方法

問題

問題26

危険物の類ごとの共通する性状について，次のうち誤っているものは
どれか。

(1)　第1類の危険物は，固体で他の物質を酸化する。

(2)　第2類の危険物は，火災により着火しやすい液体である。

(3)　第3類の危険物は，空気中で自然発火し，または水と接触して発火し若
しくは可燃性ガスを発生する。

(4)　第5類の危険物は，自己反応性があり，加熱等で発熱，分解する。

(5)　第6類の危険物は，液体で他の物質を酸化する。

問題27

第4類の危険物について，次のA〜Eのうち，正しいものはどれか。

A　すべて可燃物であり，常温(20℃)では，ほとんどのものが液状である。

B　すべて酸素を含有している化合物である。

C　液体の比重は，すべて1より小さい。

D　すべて常温（20℃）以上に温めると水溶性になる。

E　引火性液体の燃焼は主に分解燃焼であるが，引火性固体の燃焼は表面
燃焼である。

(1)　A　　(2)　A，C　　(3)　B，D　　(4)　B，E　　(5)　C，D

問題28

第4類の危険物の貯蔵，取り扱いの注意事項として，次のうち誤って
いるものはどれか。

(1)　火花や高熱を発する場所に接近させない。

(2)　かくはんや流動に伴う静電気の発生をできるだけ抑制する。

(3)　発生する蒸気は，なるべく屋外の低所に排出する。

(4)　容器からの液体や蒸気の漏れには十分注意する。

(5)　引火点の低い危険物を取り扱う場合には，人体に帯電した静電気を除去
する。

問題29

アセトン，エタノールなどの火災に，水溶性液体用泡消火剤以外の一般的な泡消火剤を使用した場合は効果的でない。その理由として，次のうち正しいものはどれか。

(1) 泡が固まるから。　　(2) 泡が燃えるから。

(3) 泡が乾いて飛ぶから。　(4) 泡が消えるから。

(5) 泡が重いため沈むから。

問題30

容器またはタンクに危険物を収納する場合，可燃性蒸気の発生を抑制するため，液面に水を張って貯蔵する危険物は，次のうちどれか。

(1) アセトアルデヒド　　(2) 酸化プロピレン

(3) 二硫化炭素　　　　(4) 酢酸エチル

(5) クレオソート油

問題31

ガソリンの性状等について，次のうち誤っているものはどれか。

(1) 液体の比重は1より小さい。

(2) 蒸気は，空気の3〜4倍重い。

(3) 自動車ガソリンや工業ガソリン等がある。

(4) 純度の高いものは，無色，無臭である。

(5) 流動，摩擦等などにより静電気が発生する。

問題32

軽油の性状等について，次のうち誤っているものはどれか。

(1) ディーゼル機関等の燃料に用いられている。

(2) 流動すると静電気が発生しやすい。

(3) 霧状になったときは，液状のときよりも火がつきやすい。

(4) 引火点は21℃未満である。

(5) 蒸気比重は1より大きい。

問題33

n－ブタノール（1－ブタノール）の性状について，次のうち誤っているものはどれか。

(1) 無色で刺激臭のある液体である。

(2) 凝固点が非常に低く，－10℃ でも液体である。

(3) 水より軽い。

(4) n－ブタノールが第4類のアルコール類から除外されているのは，その炭素原子数が4個だからである。

(5) 水に溶けるので，第2石油類では水溶性液体になる。

問題34

酢酸の性状について，次のうち誤っているものはどれか。

(1) 一般に，高純度のものは氷酢酸と呼ばれ，約 15～16℃ 以下で固体になる。

(2) 青い炎をあげて燃え，二酸化炭素と水蒸気になる。

(3) 常温（20℃）で容易に引火する。

(4) 強い腐食性がある有機酸で，常温（20℃）では無色透明な液体である。

(5) アルコールやジエチルエーテルに任意の割合で溶ける。

問題35

動植物油類の性状等について，次のうち誤っているものはどれか。

(1) 動物の脂肪や植物の種子などから抽出した油である。

(2) 引火点は 300℃ 程度である。

(3) 比重は1より小さいので，水に浮く。

(4) ぼろ布などにしみ込んだものを積み重ねておくと，自然発火するものもある。

(5) 燃焼時の液温は非常に高いので，注水すると燃えている油が飛散し危険である。

第3回テストの解答

危険物に関する法令

問題 1 **解答** (5)

解説 グリセリンは重油やクレオソート油と同じく，**第3石油類**に該当します。

問題 2 **解答** (4)

解説 まず，それぞれの指定数量は，軽油（第2石油類の非水溶性）が$1,000\ell$，ガソリン（第1石油類の非水溶性）が200ℓ，エタノールが400ℓ，となっています。これより各倍数を求めると，

軽油が，$\dfrac{3,000\ell}{1,000\ell}=3$ 倍，

ガソリンが，$\dfrac{1,000\ell}{200\ell}=5$ 倍，

エタノールが，$\dfrac{2,000\ell}{400\ell}=5$ 倍となります。

従って，貯蔵量の合計は，3 倍＋5 倍＋5 倍＝13 倍，となります。

問題 3 **解答** (2)

解説 予防規程を定めたときと変更したときは**市町村長等**の**認可**が必要です。

(1) 変更を命じることができるのも**市町村長等**です。

(3) 変更した時も**市町村長等**の**認可**が必要です。

(4) すべてではなく，**給油取扱所**と**移送取扱所**とでは指定数量に関係なく，その他一部の製造所等では一定の指定数量以上の場合に定めます。

(5) 自衛消防組織を設置していても，予防規程は定める必要があります。

なお，「予防規程は危険物保安監督者が定める」という出題例もありますが，(2)より誤りです。

第3回

解答

問題4 **解答** (3)

解説 正しくは次のようになります（太字の部分が正しい記述です）。

	手続きが必要な場合	提出期限	届出先
1	危険物の品名，数量または指定数量の倍数を変更する時	変更しようとする日の10日前までに届け出る。	**市町村長等**
2	製造所等の譲渡または引き渡し	**遅滞なく届け出る**	市町村長等
3	製造所等を廃止する時	遅滞なく届け出る	市町村長等
4	危険物保安統括管理者を選任，解任する時	**遅滞なく届け出る**	市町村長等
5	危険物保安監督者を選任，解任する時	**遅滞なく届け出る**	市町村長等

(1) 危険物の品名，数量または指定数量の倍数を変更しようとする時は，「変更しようとする日の10日前まで」に，その旨を「市町村長等」に届け出る必要があります。

問題5 **解答** (4)

解説 原則として，**指定数量以上**（よって(3)は×）の危険物は製造所等以外の場所で貯蔵したり取り扱うことはできませんが，「消防長または消防署長」の**承認**を受けた場合は，**10日以内**に限り（よって(2)は×），仮に貯蔵し，又は取り扱うことができます。（注：(1)は消防法に基づいて貯蔵します）

問題6　解答　(2)

解説　丙種が取り扱える危険物は，「ガソリン・灯油と軽油・第3石油類（重油，潤滑油と引火点が130℃以上のもの）・**第4石油類・動植物油類**」です。従って，Aのアセトン（第1石油類），Cの固形アルコール（第2類の危険物），Fのメタノールが含まれていないので，(2)のA，C，Fが正解です。

問題7　解答　(1)

解説　まず，免状の再交付と書替えについてまとめると次のようになります。

	①　免状の書換えが必要なとき	②　申請先
免状の書換え	1　氏名が変更した場合	免状を交付した知事
	2　本籍地が変更した場合	居住地の知事
	3　免状の写真が10年経過した場合	勤務地の知事

この表の①からもわかるように，(1)の居住地の変更は書換えの必要がないので，よって，これが誤りです。ちなみに，(3)の姓の変更は①の1に該当するので，書換え申請が必要です。

問題8　解答　(5)

解説　受講義務のある者は，「危険物取扱者の資格のある者」が「危険物の取扱作業に従事している」場合で，
①　従事し始めた日から**1年以内**，その後は，「講習を受けた日以後における最初の4月1日から3年以内」に受講。
②　過去**2年以内**に**免状の交付**か**講習**を受けた者は，「その交付や受講日以後における最初の4月1日から3年以内」に受講する。

従って，(1)は，危険物保安監督者の選任と受講日のカウントは関係がないので誤り，(2)は，取扱作業に従事していないので，受講義務がなく，誤りです。また，(3)のように，法令違反をした者が受ける講習ではないので，これも誤りです。(4)は，危険物の取扱作業に従事していても無資格者の場合は受講義務が生じないので，誤りです。また，受講場所には制限はありません（全国どこでもよい）。

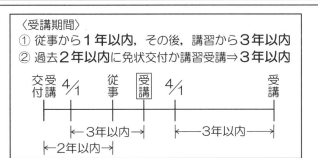

〈受講期間〉
① 従事から**1年以内**，その後，講習から**3年以内**
② 過去**2年以内**に免状交付か講習受講⇒**3年以内**

第3回

解答

問題9 **解答** (5)

解説 危険物保安監督者に選任することができるのは，

「**甲種**または**乙種**危険物取扱者」で，製造所等において「危険物取扱いの実務経験が**6ヶ月以上ある**」者，となっています。

従って，丙種危険物取扱者は危険物保安監督者になれないので誤りです。

(1) （指定数量に関係なく）危険物保安監督者を定めなければならない製造所等は，次の4つです。

  製造所，屋外タンク貯蔵所，給油取扱所，移送取扱所

  従って，(1)は正しい。

(2) 選任，または解任の届け出先は**市町村長等**なので，正しい。

(3) 危険物保安監督者の業務は次の通りです。

  1．危険物の取扱作業が「貯蔵または取扱いに関する技術上の基準」や「予防規定に定める保安基準」に適合するように，作業者に対して必要な指示を与えること。

  2．火災などの災害が発生した場合は，
    ・作業者を指揮して応急の措置を講じる，とともに
    ・直ちに消防機関等へ連絡する。

  3．危険物施設保安員に対して必要な指示を与えること。

  4．火災等の災害を防止するため，「隣接する製造所等」や「関連する施設」の関係者との連絡を保つ。

  5．その他，危険物取扱作業の保安に関し，必要な監督業務。

  従って，2より正しい。

(4) 所有者等というのは，所有者，管理者，または占有者のことをいいます。

問題10 **解答** (2)

解説 (1) 屋内貯蔵タンクは，平家建の建築物に設けられたタンク専用室に設置する必要があり，また，屋根は不燃材料で造らなければなりませんが，タンク専用室に天井を設けることはできません（⇒屋内貯蔵所と同じ）。

(3) 「傾斜のない構造」ではなく，「**適当な傾斜を付け，かつ，貯留設備を設けなければならない。**」となっています。

(4) タンク専用室の出入口のしきいは，床面より **0.2 m 以上**高くする必要があります。

(5) 屋内貯蔵タンクの容量は，指定数量の **40 倍以下**とする必要があり，また，第4類危険物（第4石油類，動植物油類を除く）にあっては **20000ℓ 以下**とする必要があります。

問題11 **解答** (2)

解説 (2) 手で押さえるようなことはせず，注入ホースを注入口に**緊結**します。

(5) たとえ一部であっても，給油空地からはみ出て給油してはいけません。

給油空地から はみ出してはダメ！

問題12 **解答** (1)

解説 運搬容器に表示する事項は次のようになっています。

「危険物の品名」「危険等級」「化学名」「水溶性（ただし，第4類危険物のうち，水溶性の危険物のみ）」「危険物の数量」「収納する危険物に応じ

た注意事項」

従って，(1)の「ポリエチレン製」は，容器の「材質」であり，上記の事項に含まれていないので，これが誤りです。なお，(2)の「第2石油類」は「**危険物の品名**」，(4)の「10ℓ」は「**危険物の数量**」，(5)の「火気厳禁」は「**収納する危険物に応じた注意事項**」となります。

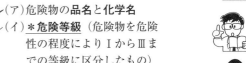

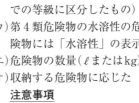

(ア)危険物の**品名**と**化学名**

(イ)＊**危険等級**（危険物を危険性の程度によりⅠからⅢまでの等級に区分したもの）

(ウ)第4類危険物の水溶性の危険物には「水溶性」の表示

(エ)危険物の数量（ℓまたはkg）

(オ)収納する危険物に応じた**注意事項**

問題13 **解答** (3)

解説 **10,000ℓ以下**にする必要があるのは廃油タンクの方で，地下専用タンクの方の容量は**制限なし**です。

なお，給油取扱所の周囲には，自動車の出入りする側を除き，高さが**2m以上**で耐火構造，または不燃材料のへいまたは壁を設ける必要があります。

（注：P96に類題1を追加してあるので，ぜひトライして下さい）

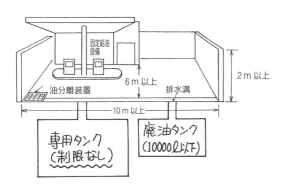

((2)の給油空地と注油空地ですが，給油空地は自動車に給油するための空地であるのに対し，注油空地は灯油や軽油を容器に詰め替えるための空地になります。)

（油分離装置と排水溝も設けなければならないので注意！）

問題14　**解答**　(5)

解説　第5種の消火設備（小型消火器）の設置基準で，有効に消火することができる位置に設ける製造所等は，次のようになっています。

　　給油取扱所，簡易タンク貯蔵所，**移動タンク貯蔵所，地下タンク貯蔵所，**
　　販売取扱所

こうして覚えよう！

小型消火器は　旧　館　の　井戸　の　近く　で販売　している
小型消火器　　　　　　給油　簡易　　　移動タンク　地下タンク　　販売

　また，歩行距離は **20 m 以下**となるように設けなければならないので，よって，(5)が正解となります。

　なお，大型消火器（第4種消火設備）の場合は，防火対象物に至る歩行距離が **30 m 以下**となるように設ける必要があります。

問題15　**解答**　(4)

解説　(1)　0.1 m 未満は **0.1 m 以上**の誤り，(2)　第一種と第二種の数値が逆。
(3)　第一種，第二種とも建築物の**一階にのみ**設置できます。
(5)　不燃材料は**耐火構造**の誤りです。

<h2 style="text-align:center">基礎的な物理学及び基礎的な化学</h2>

問題16　**解答**　(5)

解説　熱量を求める式，$Q = m \times c \times \Delta t$（$m$：質量，$c$：比熱，$\Delta t$：温度差）より，まずは，上昇する温度 Δt を求めます（12.6 kJ を 12600 J に換算しておく）。

　式を変形して，$\Delta t = \dfrac{Q}{mc} = \dfrac{12600}{100 \times 2.1} = \dfrac{6000}{100} = 60$ K となります（温度差を表すときは K（ケルビン）の単位を用いる）。

よって, 温度上昇後の液体温度は, 0 + 60 = 60℃ となります。

なお, この問題は, 「液体の温度を 0℃ から 60℃ まで上昇させるための熱量はいくらか」という形式で出題される場合もありますが, その際は, Δt に 60 を入れ, 冒頭の $Q =$ の式で求めればよいだけです。

第3回

問題17　**解答**　(4)

解説　電気絶縁性をよくする, というのは, 電気（静電気）が流れにくい状態にするということで, 静電気は逆に蓄積しやすくなります。

(2)　不良導体が接触して離れると静電気が帯電し, それが放電すると静電気火花を生じます。

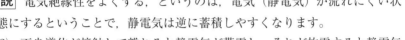

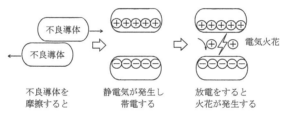

| 不良導体を
摩擦すると | 静電気が発生し
帯電する | 放電をすると
火花が発生する |

問題18　**解答**　(2)

解説　酸化アルミニウムは, アルミニウムを燃焼させて得られる**化合物**（アルミニウムと酸素の化合物）なので, 誤りです。なお, 硫酸アルミニウムとして出題されても, 答えは同じく化合物なので, 誤りです。

問題19　**解答**　(2)

解説　酸化と還元は同時に起こるので誤りです。

酸化と還元は同時進行です！

　(1)と(3)は，水素と酸素が逆になっています。なお，酸化は，**酸素と化合する**こと，**水素**または**電子**が**奪われる**こと，**酸化数**が**増加する**こと，と表現されることもあります。

　(4)の酸化剤は還元されやすい物質でもあるので，正しい。

　(5)　正しい。なお，還元剤であっても，相手の物質によっては酸化剤として作用することもあります（その逆もある）。

問題20　**解答**　(5)

解説　「物質が酸素と化合して（A：**酸化物**）を生成する反応のうち，（B：**熱と光**）の発生を伴う（C：**酸化反応**）を燃焼という。有機物が燃焼すると（A：**酸化物**）に変わるが，酸素の供給が不足すると，生成物に（D：**一酸化炭素**），アルデヒド，ススの割合が多くなる。」

　なお，最近，化学反応に関して，触媒の出題が目立つようになりました。触媒というのは，反応させる物質とは別の物質で，単に反応速度を<u>変化させる</u>（速くさせる）目的で加える物質をいい，自身は反応後も<u>変化しません</u>。なお，<u>触媒を用いても反応熱は**変化しません**</u>（➡太字部分は出題例あり）。

問題21　**解答**　(2)

解説　「マッチの火を近づけたところ引火した。」ということは，液温（30℃）が①**引火点以上**，可燃性蒸気の濃度（8 vol%）が②<u>燃焼範囲の下限値以上</u>になっている，ということです。

　従って，30℃ が引火点以上なら引火点はその 30℃ より低いはずで，また，8 vol%が燃焼範囲の下限値以上ならその燃焼範囲の下限値は 8 vol%より低いはずです。

　よって，引火点が 30℃ 以下の数値を探すと，(1)～(3)が該当しますが，同時に燃焼範囲の下限値が 8 vol%以下のところを探すと，(2)しかないので，これが正解となります。

問題22　解答 (5)

内部燃焼

解説　空気がなくてもセルロイドのように，その**可燃物自身に含まれている酸素**によって燃えるものもあります。

　（注：P 96 に燃焼点に関する類題2を追加してあるので，ぜひトライして下さい）

問題23　解答 (4)

解説　燃焼範囲とは，空気中において可燃性蒸気が燃焼することができる濃度範囲のことをいいます。また，濃度とは可燃性蒸気と空気との混合割合（＝混合気の濃度）のことをいいます。

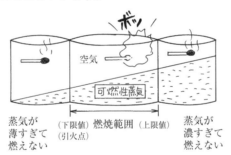

ボッ

空気

可燃性蒸気

蒸気が薄すぎて燃えない

（下限値）燃焼範囲（上限値）
（引火点）

蒸気が濃すぎて燃えない

　なお，「燃焼範囲が**狭い**」「燃焼下限界が**大きい**」「燃焼上限界が**小さい**」ほど燃焼の危険性は小さくなります。

問題24　解答 (5)

苦しいよ……

解説　泡で覆うことによる**窒息効果**と冷却効果とにより消火をします。

問題25　解答 (5)

解説　水を噴霧状に注水すると，表面積は逆に大きくなり，燃焼物から熱を奪う冷却効果が大きくなるので誤りです。（⇒水は**比熱**が大きく，**冷却効果**

も大きい)

⑴ 一般に油類は水より軽いので水の上に浮き，燃焼面が拡大してしまうので，正しい。

⑵～⑷ 正しい。

══危険物の性質並びにその火災予防及び消火の方法══

問題26 **解答** ⑵

解説 まず，危険物が液体であるか，または固体であるかについては，次のようなゴロ合わせがあります。

 こうして覚えよう! ＜① 固体か液体か＞

（危険物の本を読んでいたら）**固いひと　に　駅で無　視された**

　　　　　　　　　　固体⇒1類　2類　液体⇒6類　4類

　つまり，固体のみは1類と2類，液体のみは4類と6類，ということです。（3類と5類は「液体または固体」です）。よって，⑵の「第2類の危険物は，……液体である。」というのが誤りとなります（第2類は固体です。なお，着火しやすい，というのは正しい）。

　このように，危険物の分類では，各類の特性をそのまま覚えるのはチョット大変なので（もちろん，覚える努力はしておくべきですが…），次のポイントを押さえておけば，かなりの確率で正解をゲットできる可能性があります。

● （その類の危険物が）「①　固体か液体か」，「②　可燃性か不燃性か」，そして「③　性質」について，です。①のゴロ合わせはすでに紹介しましたので，②と③には次のようなゴロ合わせがあります。

こうして覚えよう！

② ⇒ **燃えないイチ　ロー**（不燃性は1類と6類）

不燃性　1類　6類

③ ⇒ 危険物の分類をしていた

| さいこうの過 | 去の | 時　期， | 事故 | さ　え　無かった |

さいこうの過　去の　時　期，事故　さ　え　無かった

酸化性　固体　可燃性　固体　自然　禁水性　自己　酸化性　液体

　　1類　　　　2類　　　　3類　　5類　　6類

1類⇒酸化性固体　　　　　　4類⇒引火性液体
2類⇒可燃性固体　　　　　　5類⇒自己反応性物質
3類⇒自然発火性および禁水性物質　　6類⇒酸化性液体

問題27　**解答**　(1)

解説　A　第4類危険物は引火性の液体で可燃物であり，常温（20℃）では，液状なので正しい。

B　第4類危険物は化合物（アルコール類など）だけではなく，ガソリンや灯油などの**混合物**もあります。また，化合物であっても酸素を含有（がんゆう）していないものもあるので誤りです。

C　液比重が1より大きい，すなわち，水より重いもの（**二硫化炭素**など）もあるので誤りです。

D　たとえば，重油は非水溶性（水に溶けない）ですが，常温（20℃）以上に温めたからといって水には溶けません（水溶性にはならない）。従って，誤りです。

E　引火性液体の燃焼は**蒸発燃焼**であり，また，引火性固体の燃焼は，固体ではあっても同じく**蒸発燃焼**です。

よって，Aのみ正しい。

第3回

問題28　　解答 (3)

解説 この問題は，第4類危険物に共通する性質が分かればすんなりと答が導きだせるので，解けた人が多いと思います。

　つまり，第4類危険物の蒸気は空気より**重い** ⇒ **低所**に滞留する ⇒ 火源があると引火して爆発する危険がある，となります。

　従って，発生する蒸気は，なるべく屋外の**高所**に排出して，蒸気を拡散させる必要があるので(3)が誤りとなります。

問題29　　解答 (4)

解説 アセトンやエタノールなどの水溶性危険物（水に溶けるもの）に一般的な泡消火剤を使用すると，その泡が溶かされて（破壊されて）消えてしまい，泡による窒息効果が得られないので，**水溶性液体用泡消火剤**（**特殊泡**または**耐アルコール泡**ともいう）を用います。

問題30　　解答 (3)

解説 二硫化炭素は水より**重く**，水に**溶けない**，という性質を利用して，液面に水を張ることにより可燃性蒸気の発生を防ぎます(⇒　水中貯蔵という)。

問題31　　解答 (4)

解説 ガソリンは，純度の高いものは無色（自動車用はオレンジ色に着色されている）ですが，無臭ではなく特有の**石油臭**があります。

問題32　　解答 (4)

解説 軽油の引火点は**45℃**以上であり，常温（20℃）より高いので，誤りです。

(5)　第4類危険物の蒸気比重は**1より大きい**（空気より**重い**）ので正しい。

灯油と軽油は引火点や比重などが若干異なる
だけで その性状は ほとんど同じ

問題33 **解答** (5)

解説 (2) 1−ブタノールの凝固点は，−90℃ なので，−10℃ では液体です。

(3) 比重が0.8なので，水より**軽い物質**です。

(4) アルコール類は，炭素原子数が1個から**3個**までの飽和1価アルコール
なので，炭素原子数が**4個**の1−ブタノールはアルコール類ではありませ
ん。

(5) 水には，わずかしか溶けないので，第2石油類の**非水溶性**になります。

問題34 **解答** (3)

解説 酢酸の引火点は**39℃** なので，常温（20℃）では引火しません。

問題35 **解答** (2)

解説 動植物油類の引火点は，1気圧において **250℃ 未満**です。

次の類題にもトライしてみよう！

類題1 次のうち，給油取扱所に給油またはこれに附帯する業務のために設けることができる建築物はいくつあるか。

A 給油取扱所の所有者等が居住する住居またはこれらの者に係る他の給油取扱所の業務を行うための事務所

B 付近の住民が利用するための診療所

C 自動車等の点検，整備のために出入りする者を対象とした立体駐車場

D 給油等のために給油取扱所に出入りする者を対象とした店舗，飲食店または展示場

E 給油取扱所に出入りする者を対象とした遊技場

(1) 1つ　　(2) 2つ　　(3) 3つ　　(4) 4つ　　(5) 5つ

解説

B，C，E以外は給油取扱所内に設置できる建築物です（A⇒勤務者の住居は設置できないので注意）。

なお，上記以外に「**自動車等の洗浄を行う作業場**」「**給油取扱所の業務を行うための事務所**」も設置することができます。　　　**解答** (2)

類題2 次の文章の（　）内に当てはまるものとして，正しいものはどれか。

「引火後5秒間燃焼が継続する最低の温度のことを（　）という。」

(1) 下限値　　(2) 燃焼点　　(3) 引火点

(4) 発火点　　(5) 燃焼熱

解説

燃焼点についての説明です。なお，燃焼点は，一般的には**引火点より数℃程度高い温度**となっています（出題例があるので，覚えておこう！）

解答 (2)

第4回

乙種第4類危険物取扱者

模擬テスト

第 4 回

══危 険 物 に 関 す る 法 令══

問題 1

法に定める危険物の説明について，次のうち正しいものはどれか。

(1) 特殊引火物とは，ジエチルエーテル，二硫化炭素その他１気圧において，発火点が 100℃ 以下のもの，又は引火点が 40℃ 以下のものをいう。

(2) 第２石油類とは，灯油，軽油その他１気圧において引火点が 21℃ 以上 70℃ 未満のものをいう。

(3) 第３石油類とは，重油，クレオソート油その他１気圧において引火点が 200℃ 以上 250℃ 未満のものをいう。

(4) 第４石油類とは，アニリン，ギヤー油，その他１気圧において引火点が 200℃ 以上 250℃ 未満のものをいう。

(5) 動植物油類とは，動物の脂肉等又は植物の種子若しくは果肉から抽出したものであって，１気圧において引火点が 250℃ 以上のものをいう。

問題 2

ある貯蔵所において，灯油を 200ℓ 入りドラム缶で２本，重油を 200ℓ 入りドラム缶で４本貯蔵している。ガソリンをあと何ℓ 以上貯蔵すれば指定数量以上貯蔵している，ということになるか。

(1) 10ℓ   (2) 20ℓ   (3) 30ℓ   (4) 40ℓ   (5) 50ℓ

問題 3

法令上，貯蔵所の区分において，屋外貯蔵所に貯蔵できる危険物として定められているもののみの組み合わせは次のうちどれか。

(1)	アセトン	灯油	軽油
(2)	硫黄	軽油	カリウム
(3)	灯油	重油	動植物油
(4)	重油	ギヤー油	ジエチルエーテル
(5)	塩素酸塩類	シリンダー油	クレオソート油

問題4

法令上，製造所等の法令違反と市町村長等の命令の組み合わせとして，次のうち誤っているものはどれか。

(1) 製造所等の位置，構造，及び設備が技術上の基準に違反しているとき
　　⇒　修理，改造又は移転命令

(2) 危険物の貯蔵又は取扱いが技術上の基準に違反しているとき
　　⇒　危険物の貯蔵，取扱基準の遵守命令

(3) 危険物の流出その他の事故が発生したときに，所有者等が応急措置を講じていないとき
　　⇒　応急措置実施命令

(4) 公共の安全の維持又は災害発生の防止のため，緊急の必要があるとき
　　⇒　製造所等の一時使用停止又は使用制限命令

(5) 危険物保安監督者が，その責務を怠っているとき
　　⇒　危険物の取扱作業の保安に関する講習の受講命令

問題5

法令上，次に掲げる製造所等のうち，定期点検が義務づけられていないものはどれか。

A　地下タンク貯蔵所	B　第2種販売取扱所
C　簡易タンク貯蔵所	D　屋内タンク貯蔵所
E　指定数量の倍数が10以上の製造所	F　移動タンク貯蔵所

(1) A，C　　(2) B，D　　(3) B，C，D

(4) C，E　　(5) C，D，F

問題6

法令上，予防規程に定めなければならない事項に該当しないものは，次のうちどれか。

(1) 危険物施設の運転又は操作に関すること。

(2) 製造所等の位置，構造及び設備を明示した書類及び図面の整備に関すること。

(3) 危険物の需要，供給状況及び価格に関すること。

(4) 危険物の保安に係る作業に従事する者に対する保安教育に関すること。

(5) 危険物保安監督者が旅行，疾病その他の事故によってその職務を行うことができない場合に，その職務を代行する者に関すること。

問題 7

次の文の（ ）のA〜Cの組み合わせとして，次のうち正しいものはどれか。

「免状の再交付は当該免状の（ A ）をした都道府県知事に申請することができる。免状を亡失し，再交付を受けた者は，亡失した免状を発見した場合は，これを（ B ）以内に免状の（ C ）を受けた都道府県知事に提出しなければならない。」

	A	B	C
(1)	交付又は書換え	10 日	交付
(2)	交付	20 日	再交付
(3)	交付	14 日	再交付
(4)	交付又は書換え	7 日	交付
(5)	交付又は書換え	10 日	再交付

問題 8

法令上，危険物施設保安員に関する記述について，次のうち正しいものはどれか。

(1) 製造所等の所有者等は，危険物取扱者の中から危険物施設保安員を定め，遅滞なく市町村長等に届出なければならない。

(2) 危険物施設保安員の選任要件として，製造所等における6ヶ月以上の実務経験が必要である。

(3) 製造所等の構造及び設備が技術上の基準に適合するように維持するため，定期及び臨時の点検を行うこと。

(4) 点検を行った際は，点検を行った日時，方法，保安のために行った措置等を記録し，所轄消防長又は消防署長に報告しなければならない。

(5) 製造所等において，危険物取扱者が行う作業に関し，必要な指示を与えなければならない。

問題 9

次のうち，危険物保安講習の受講時期が過ぎているものはどれか。

(1) 2年前に危険物取扱者の免状を取得したが，その後危険物の取扱作業には従事せず，1年前から新たに危険物の取扱作業に従事している。

(2) 危険物取扱者の免状を取得して10年経過しているが，その間，危険物の取扱作業には従事していない。

(3) 危険物取扱者の免状は取得していないが，4年前より甲種危険物取扱者の立会いのもとに，危険物の取扱作業を行っている。

(4) 5年前の4月1日以前に危険物取扱者の免状を取得したが，その後危険物の取扱作業には従事せず，3年前から新たに危険物の取扱作業に従事している。

(5) 2年前の4月1日以降に保安講習を受け，その後継続して危険物の取扱作業に従事している。

問題 10

学校，病院等から保安距離を保つ規定のない製造所等は次のうちどれか。

(1) 屋外貯蔵所   (2) 給油取扱所   (3) 屋外タンク貯蔵所

(4) 屋内貯蔵所   (5) 製造所

問題 11

法令上，移動タンク貯蔵所の位置・構造・設備等の技術上の基準について，次のうち誤っているのはどれか。

(1) 移動タンク貯蔵所の常置場所は屋外の防火上安全な場所，または壁，床，はり，屋根を耐火構造もしくは不燃材料で造った建築物の1階とすること。

(2) ガソリンやベンゼンその他静電気による災害が発生するおそれのある液体の危険物の移動貯蔵タンクには，接地導線を設けなければならない。

(3) 移動貯蔵タンクの底弁手動閉鎖装置のレバーは，手前に引き倒すことにより閉鎖装置を作動させるものでなければならない。

(4) 移動タンク貯蔵所には警報設備を設けなくてよい。

(5) タンクの容量は10,000ℓ以下とし，内部に4,000ℓ以下ごとに区切った間仕切りを設けること。

問題12

危険物の取扱いの技術上の基準について，次の文の（　）内に当てはまる法令に定められている温度はどれか。

　　「移動貯蔵タンクから危険物を貯蔵し，又は取り扱うタンクに引火点が（　　）の危険物を注入するときは，移動タンク貯蔵所の原動機を停止させること。」

(1)　30℃ 未満　　(2)　35℃ 未満　　(3)　40℃ 未満
(4)　45℃ 未満　　(5)　50℃ 未満

問題13

移動タンク貯蔵所によりガソリンを移送する場合，乗車する危険物取扱者として，次のうち不適当なものはどれか。

　　A　甲種危険物取扱者　　　B　危険物保安統括管理者
　　C　丙種危険物取扱者　　　D　危険物施設保安員
　　E　乙種第6類危険物取扱者

(1)　A，C　　(2)　A，C，D　　(3)　B，C
(4)　B，D　　(5)　B，D，E

問題14

製造所等における所要単位の計算法として，次のうち誤っているものはどれか。

(1)　外壁が耐火構造の製造所の場合は，延べ面積100 m² を1所要単位とする。
(2)　外壁が耐火構造でない製造所の場合は，延べ面積50 m² を1所要単位とする。
(3)　外壁が耐火構造の貯蔵所の場合は，延べ面積150 m² を1所要単位とする。
(4)　外壁が耐火構造でない貯蔵所の場合は，延べ面積75 m² を1所要単位とする。
(5)　危険物の場合は，指定数量の100倍を1所要単位とする。

問題15

法令上，製造所等の位置，構造又は設備を変更する場合の手続きとして，次のうち正しいものはどれか。

(1) 変更の工事に着手してから，市町村長等にその旨を届け出る。

(2) 変更の工事に係る部分が完成してから直ちに市町村長等の許可を受ける。

(3) 変更の工事をしようとする日の 10 日前までに，市町村長等に届け出る。

(4) 市町村長等の許可を受けた後に変更の工事に着手する。

(5) 市町村長等に変更の計画を届け出た後に変更の工事に着手する。

基礎的な物理学及び基礎的な化学

問題

問題16

物質の状態の変化について，次のうち正しいものはどれか。

(1) 水は１気圧のもとでは 100℃ で沸騰するが，大気の圧力が高くなると，100℃ より低い温度で沸騰する。

(2) 二酸化炭素には気体と固体の状態があるが，いかなる条件下でも液体の状態にはならない。

(3) 沸点は外圧（大気圧）が高くなると低くなる。

(4) 液体の飽和蒸気圧は，温度の上昇とともに増大するが，その圧力が大気の圧力に等しくなったときの圧力が沸点である。

(5) 0℃ で水と氷が共存するのは，水の凝固点と氷の融点が異なっているためである。

問題17

静電気の帯電について，次のうち誤っているものはどれか。

(1) 引火性液体に帯電すると電気分解が起こり，引火しやすくなる。

(2) 電気の不導体に帯電しやすい。

(3) 一般に合成繊維製品は，綿製品より帯電しやすい。

(4) 湿度が低いほど帯電しやすい。

(5) 帯電防止策として，接地する方法がある。

第4回

問題18

物質の熱膨張について，次のうち正しいものはどれか。

(1) 固体は 1℃ 上がるごとに約 273 分の 1 ずつ体積を増す。

(2) 水の密度は，約 4℃ において最大となる。

(3) 固体の体膨張率は，気体の体膨張率の 3 倍である。

(4) 気体の膨張は，圧力に関係するが温度の変化には影響しない。

(5) 一般に液体は，温度が高くなるにつれて密度が大きくなる。

問題19

次のA～Eについて，化学変化と物理変化に分類した場合の組み合わせとして，正しいものはどれか。

　　A　ドライアイスを放置しておくと昇華して，二酸化炭素になる。

　　B　鉄がさびて，ぼろぼろになる。

　　C　酸化第二銅を水素気流中で熱すると，金属銅が得られる。

　　D　プロパンが燃焼して二酸化炭素と水になる。

　　E　ニクロム線に電気を通じると発熱する。

	化学変化	物理変化
(1)	A，B，C	D，E
(2)	A，C，D	B，E
(3)	A，D，E	B，C
(4)	B，C，D	A，E
(5)	B，D，E	A，C

問題20

金属の性状として，次のうち誤っているものはどれか。

(1) 比重が 4 より小さいものを軽金属という。

(2) 特有の金属光沢をもつ。

(3) すべて不燃性である。

(4) 常温（20℃）において液体のものもある。

(5) 鉄と金では，金の方が熱伝導率が大きい。

問題

問題21

燃焼の形式について，次の（ A ）（ B ）に該当するものはどれか。

「燃焼の種類には，液体の燃焼，固体の燃焼，気体の燃焼がある。

そのうち，気体の燃焼には，（ A ）燃焼および（ B ）燃焼がある。

（ A ）燃焼というのは，可燃性ガスと空気あるいは酸素とが，燃焼開始に先立ってあらかじめ混ざり合って燃焼することをいう。」

	A	B		A	B
⑴	予混合	分解	⑵	分解	拡散
⑶	表面	予混合	⑷	拡散	分解
⑸	予混合	拡散			

問題22

次の文から，引火点および燃焼範囲の下限値の値として考えられる組み合わせはどれか。

「ある引火性液体は，液温 40℃ で液面付近に濃度 8 vol% の可燃性蒸気を発生した。この状態でマッチの火を近づけたところ引火した。」

	引火点	燃焼範囲の下限値
⑴	20℃	12 vol%
⑵	25℃	9 vol%
⑶	30℃	6 vol%
⑷	35℃	15 vol%
⑸	45℃	6 vol%

問題23

動植物油類の自然発火について，次のうち誤っているものはどれか。

⑴ 自然発火は，一般に乾きやすい油ほど起こりやすい。

⑵ 布や紙などにしみ込んだ乾性油が，通風の悪い場所に大量にたい積されていると，自然発火を起こしやすい。

⑶ 油脂 100 g が吸収するヨウ素のグラム数で表したものをヨウ素価といい，その値が大きいほど，逆に自然発火はしにくくなる。

⑷ 動植物油のうち，ヨウ素価が大きいアマニ油，キリ油などは自然発火を起こしやすい。

⑸ 自然発火を起こす機構により物質を分けると，吸着熱によるものには活性炭，酸化熱によるものには石炭や原綿，天ぷらかすなど，分解熱によるものにはニトロセルロース（セルロイド）などがある。

問題24

鋼製の危険物配管を埋設する場合，最も腐食が起こりにくいものは，次のうちどれか。

⑴ 土壌埋設配管が，コンクリート中の鉄筋に接触しているとき。

⑵ 直流電気鉄道の軌条（レール）に近接した土壌に埋設されているとき。

⑶ エポキシ樹脂塗料で完全に被覆され土壌に埋設されているとき。

⑷ 砂層と粘土層の土壌にまたがって埋設されているとき。

⑸ 土壌中とコンクリート中にまたがって埋設されているとき。

問題25

消火剤と消火効果について，次のうち正しいものはどれか。

A　水消火剤は，大きな蒸発熱と比熱を有するので，冷却効果があり，木材，紙，布等の火災に適するが，油火災には適さない。

B　泡消火剤は，泡によって燃焼物を覆うので，窒息効果があり，油火災に使用できるが，木材，紙，布等の火災には使用できない。

C　強化液消火剤は，0℃で氷結するので，寒冷地での使用には適さない。

D　二酸化炭素消火剤は，不燃性の液体で空気より重く，燃焼物を覆うので窒息効果があるが，狭い空間で使用した場合には人体に危険である。

E　粉末消火剤は，無機化合物を粉末にしたもので，リン酸塩を主成分とするものは，石油類の火災や電気設備の火災には適応するが，木材等の火災には適応しない。

⑴　AとB　　⑵　AとD　　⑶　BとC　　⑷　CとD　　⑸　DとE

危険物の性質並びにその火災予防及び消火の方法

問題26

危険物の類ごとに共通する性状について，次のうち正しいものはどれか。

(1)　第1類の危険物は，酸化性の固体で，摩擦や衝撃に対して安定している。

(2)　第2類の危険物は，可燃性の固体または液体であり，酸化剤との混触により発火，爆発のおそれがある。

(3)　第3類の危険物は，固体または液体であり，多くは禁水性と自然発火性の両方を有している。

(4)　第5類の危険物は，自らは不燃性であるが，分解して酸素を放出する。

(5)　第6類の危険物は，還元性の液体であり，有機物との混触により発火，爆発のおそれがある。

問題27

第4類の危険物の一般的性状について，次のうち正しいものはどれか。

(1)　発火点は，ほとんどのものが100℃以下である。

(2)　水溶性である。

(3)　液体の比重は，1より大きい。

(4)　自然発火の危険性が大きい。

(5)　蒸気は空気とわずかに混合した状態でも，引火するものが多い。

問題28

誤って灯油にガソリンを混入してしまった場合の処置として，次のうち適切なものはどれか。

(1)　しばらく放置すれば，比重の違いによって分離するので，その後くみ分けて，それぞれの用途に使用する。

(2)　引火点などが，灯油と異なるので，灯油を用いる石油ストーブの燃料として使用しない。

(3)　混入したガソリンと同量の軽油を入れ，比重を灯油と同じになるよう調整した後，灯油として使用する。

(4)　ガソリンは爆発しやすいので，少し温めてガソリンを蒸発させ，灯油として使用する。

(5)　灯油をつぎ足して，灯油の割合を約90％以上にすれば石油ストーブの燃料として用いることができる。

第4回

問題29

　ベンゼンやトルエンの火災に使用する消火器として，次のうち適切でないものはどれか。

(1)　消火粉末を放射する消火器　　(2)　棒状の強化液を放射する消火器

(3)　二酸化炭素を放射する消火器　(4)　霧状の強化液を放射する消火器

(5)　泡を放射する消火器

問題30

　メタノールとエタノールに共通する性状について，次のうち誤っているものはどれか。

(1)　揮発性の無色透明の液体である。　(2)　沸点は水より低い。

(3)　水とどんな割合でも溶けあう。　(4)　引火点は常温（20℃）より高い。

(5)　液体の比重は，1より小さい。

問題31

　自動車ガソリンの性状について，次のうち誤っているものはどれか。

(1)　流動，摩擦等により静電気が発生する。

(2)　燃焼範囲は，おおむね1〜8 vol%である。

(3)　第6類の危険物と混触すると，発火する危険がある。

(4)　蒸気を吸入すると，頭痛やめまい等を起こす。

(5)　引火点は−20℃以下で発火点は約150℃である。

問題32

　キシレンの性質等について，次のうち誤っているものはどれか。

(1)　無色の液体である。

(2)　芳香臭がある。

(3)　3種類の異性体（オルト，メタ，パラ）がある。

(4)　比重は1より大きく，水に溶けやすい。

(5)　引火点は35℃以下である。

問題33

重油の性状について，次のうち誤っているものはどれか。

A 一般に褐色または暗褐色の粘性のある液体である。

B 3種（C重油）の引火点は，日本産業規格（JIS）で90℃以上と規定されている。

C 不純物として含まれる硫黄は燃えると有害なガスになる。

D ぼろ切れに染み込んだものは，火が付きやすい。

E 発火点は，70℃～150℃程度である。

⑴ AとB ⑵ AとE ⑶ BとE ⑷ CとD ⑸ DとE

問題34

次の事故事例を教訓とした今後の対策として，不適切なものはどれか。

「移動タンク貯蔵所の運転者が，地下3階にある屋内タンク貯蔵所に1000ℓの危険物を注入すべきところを1500ℓ注入したところ，通気貫通孔から危険物があふれ出た。」

⑴ 危険物の注入状態を確認しながら行う。

⑵ 注入する際は，受渡し双方で立ち会う。

⑶ 注入する際は，必ず屋内貯蔵タンクの残油量を確認する。

⑷ 注入する際は，通気貫通孔を閉鎖する。

⑸ 過剰注入防止用警報ブザー等については，日ごろの適正な維持管理を徹底し，かつ，注入前には使用時点検を実施する。

問題35

ベンゼンとトルエンの性状について，次のうち誤っているものはどれか。

⑴ 蒸気は共に有毒である。

⑵ いずれも無色の液体で水より軽い。

⑶ いずれも芳香族炭化水素である。

⑷ いずれも引火点は常温（20℃）より低い。

⑸ いずれも水によく溶けるが，アルコールやジエチルエーテルなどの有機溶媒には溶けない。

第4回テストの解答

＝危険物に関する法令＝

問題1 **解答** (2)

解説 (1) 「特殊引火物とは，ジエチルエーテル，二硫化炭素その他1気圧において，発火点が100℃以下のもの，又は引火点が零下20℃以下で沸点が40℃以下のものをいう」となっています。

(3) 第3石油類の引火点は，**70℃以上200℃未満**です。

(4) アニリンは第3石油類です。引火点は正しい。

(5) 動植物油類の引火点は，250℃以上ではなく**250℃未満**のものをいいます。

 こうして覚えよう！ ＜第4類危険物の引火点＞

イカ には ついに

引火点 20(特) 21(1石油, 2石油)

なれなかったつわもの

70(3石油) 20(4石油)

（「つ」は「ツウ」より2を，「わ」は「輪」より0を表す）

特殊引火物	−20℃ 以下
第1石油類	21℃ 未満
第2石油類	21℃ 以上 70℃ 未満
第3石油類	70℃ 以上 200℃ 未満
第4石油類	200℃ 以上

なお，**引火点と水溶性，非水溶性**などの情報だけで**指定数量**を求めさせる出題例もあるので，上記の引火点は覚えるようにしてください。

問題2 **解答** (4)

解説 指定数量の倍数は，貯蔵量を指定数量で割ることによって求められ，その倍数の合計が1以上になったときに，「指定数量以上」ということになります。

従って各危険物の倍数を求めると，灯油の指定数量は軽油と同じく**1,000**

ℓなので，**400 ℓ**（**200×2**）は$\frac{400}{1,000}=0.4$となります。一方，重油の指定数

量は**2,000 ℓ**なので，**800 ℓ**（**200 ℓ×4 本**）は$\frac{800}{2,000}=0.4$

よって，倍数の合計は，**0.4＋0.4＝0.8**となり，あとガソリンを指定数量

の**0.2 倍**，すなわち，**200 ℓ×0.2＝40 ℓ** 貯蔵すれば，「指定数量以上」と

いうことになります。

第4回

問題3 **解答** (3)

解説 屋外貯蔵所において貯蔵できる危険物は，

① 第2類の危険物のうち**硫黄**または**引火性固体**

② 第4類危険物のうち**第1石油類**, **アルコール類**, **第2石油類**, **第3石油**
類, **第4石油類**若しくは**動植物油類**(⇒つまり，特殊引火物を除いたもの)

③ ただし，第2類の**引火性固体**と第4類の**第1石油類**は引火点が**0℃ 以**
上のものに限る。

となっています。以上より各設問を考えると，

⑴ 灯油，軽油は第2石油類で貯蔵できますが，アセトンは第1石油類で引
火点が**−20℃** と，**0℃** 未満なので貯蔵できず，誤りです。

⑵ 硫黄は①の条件から，また，軽油は②より，第2石油類なので貯蔵でき
ますが，カリウムは第3類の危険物なので貯蔵できず，誤りです。

⑶ 灯油，重油，動植物油とも特殊引火物以外の第4類危険物であり，また，
③の第1石油類でもないので，よってこれが正解となります。

⑷ 重油は第3石油類，ギヤー油は第4石油類で貯蔵できますが，ジエチル
エーテルは特殊引火物なので貯蔵できず，よって誤りです。

⑸ シリンダー油は第4石油類，クレオソート油は第3石油類で貯蔵できま
すが，塩素酸塩類は第1類の危険物なので貯蔵できず，誤りです。

問題4 **解答** (5)

解説 危険物保安監督者，若しくは危険物保安統括管理者が，「① 消防法若
しくは消防法に基づく命令の規定に違反したとき」，または，「② これらの
者にその業務を行わせることが公共の安全の維持若しくは災害の発生の防止

に支障を及ぼすおそれがあると認めるとき」, は危険物保安統括管理者または危険物保安監督者の**解任命令**の対象とはなりますが, 「講習の受講命令」の対象とはならないので誤りです。

問題5 　解答　(3)

解説　Bの販売取扱所, Cの簡易タンク貯蔵所, Dの屋内タンク貯蔵所は, 指定数量の倍数にかかわりなく定期点検が**義務づけられていない**製造所等です。

なお, Aの地下タンク貯蔵所, Fの移動タンク貯蔵所は, 逆に, 指定数量の倍数にかかわりなく定期点検が**義務づけられている**製造所等であり, また, Eの製造所は, 指定数量の倍数が**10以上か地下タンクを有する場合**に定期点検が義務づけられている製造所等です。

問題6 　解答　(3)

解説　「危険物の需要, 供給状況及び価格に関すること。」は, 予防規程に定めなければならない事項には含まれていません。

問題7 　解答　(5)

解説　免状を「忘失, 滅失, 汚損, 破損」した場合は, 再交付を申請することができます。その際の申請先は「免状を**交付**した知事」と「免状の**書換え**をした知事」です。

問題8 　解答　(3)

解説　(1)　危険物施設保安員を定める際に特に資格は必要なく, また, 選任しても届け出の義務はありません。

(2)　危険物施設保安員の選任要件に, 資格や実務経験は不要です。

(4) 点検を行った際に記録を保存しなければなりませんが，報告の義務はありません。

(5) 危険物施設保安員は，危険物保安監督者の下で保安のための業務を行うのであり，危険物取扱者に対して指示を与える権限はありません。

問題9 解答 (4)

解説 3年前の時点に戻ると，5年前は「2年前」となり，「従事し始めた日から2年以内に免状の交付を受けた者」に該当するので，免状の交付を受けた日以後における最初の4月1日からかぞえて3年以内に受講する必要があります。従って，少なくとも2年前の4月1日までには受講する必要があるので，受講時期が過ぎている，ということになります。

(1) 1年前の時点に戻ると，従事し始めた日から2年以内に免状の交付を受けているので，その日以後における最初の4月1日からかぞえて3年以内に受講すればよく，よって，まだ受講時期が過ぎていない，ということになります。

(2) 危険物の取扱作業に従事していなければ受講の必要はありません。

(3) 危険物取扱者の資格がなければ受講の必要はありません。

(5) 保安講習を受けた後の最初の4月1日からかぞえて3年以内なので，1年前の4月1日で1年，今年の4月1日で2年経過なので，来年の4月1日まで1年あり，受講時期が過ぎていない，ということになります。

問題10 解答 (2)

解説 保安距離を保つ必要のある製造所等は次の5つです。

「製造所，屋内貯蔵所，屋外貯蔵所，屋外タンク貯蔵所，一般取扱所」

従って，(2)の給油取扱所には保安距離が必要ないので，これが正解です。

問題11 解答 (5)

解説 (3) なお，タンクの底弁は使用時以外は**閉鎖**しておく必要があります。

(5) 移動貯蔵タンクの容量は **30,000 ℓ 以下**です（4,000 ℓ 以下は正しい）。10,000 ℓ というのは，給油取扱所の**廃油タンク**の容量です。

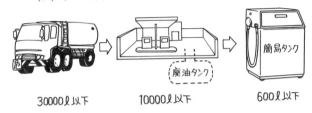

タンクの大きい順（この程度は覚えておこう）

30000ℓ以下　　10000ℓ以下　　　600ℓ以下

廃油タンク

簡易タンク

（専用タンクは制限なし）

屋内タンク貯蔵所は指定数量の **40倍以下**（第4類は20,000ℓ 以下（第4石油類と動植物油類除く）。）

屋外タンク貯蔵所と地下タンク貯蔵所は制限なし

問題12　**解答**　(3)

解説　引火点が40℃未満の危険物ということは，常温（20℃）程度で引火する危険がある，ということです。従って，原動機（エンジン）の点火火花で引火爆発する恐れがあるので，このような規定があるわけです。

問題13　**解答**　(5)

解説　移動タンク貯蔵所により危険物を移送する場合は，**その危険物を取り扱える危険物取扱者**が乗車する必要があります。

　従って，Aの甲種危険物取扱者とCの丙種危険物取扱者はガソリンを取り扱えるので○。Bの危険物保安統括管理者とDの危険物施設保安員は危険物取扱者でなくてもなれるので×。Eの乙種第6類危険物取扱者はガソリンを取り扱うことができないので×となります。よって，不適当なものはB，D，Eとなります。

問題14　**解答**　(5)

解説　一所要単位というのは，製造所等に対してどれくらいの消火能力の消火設備が必要であるか，というのを定める際に基準となる数値で，それぞれの製造所等は，次の延べ面が1所要単位となります。

この問題もよく出題されています

	外壁が耐火構造の場合	外壁が耐火構造でない場合
製造所, 取扱所	延べ面積 100 m²	×1/2 (50 m²)
貯蔵所	延べ面積 150 m²	×1/2 (75 m²)
危険物	指定数量の **10 倍**	

従って, (5)の 100 倍が誤りです。

第4回

解答

問題15　解答 (4)

解説 製造所等の位置, 構造又は設備を変更する場合は, 市町村長等の許可を受けてから変更の工事に着手する必要があります (**10 日前までに届け出る必要があるのは**, 製造所等の位置, 構造または設備を変更しないで, 取扱う危険物の品名, 数量または指定数量の倍数を変更するときです)。

　なお, 製造所等を**設置する**場合も同じく市町村長等の**許可**が必要になりますが, 液体の危険物貯蔵タンクがあれば, 完成検査の前に**完成検査前検査**を受ける必要があるので, 注意してください。

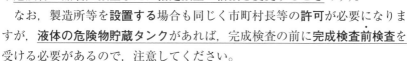

══════基礎的な物理学及び基礎的な化学══════

問題16　解答 (4)

解説 (1)　水の沸点は 1 気圧で **100℃** なので 100℃ で沸騰しますが, 大気の圧力 (外圧) が高くなると沸点も**高くなる**ので, 100℃ より**高い**温度で沸騰します。

(2)　二酸化炭素消火器には液化した二酸化炭素が充てんされており, 液体の二酸化炭素もあるので, 誤りです。

(3)　液体を加熱してゆき, 液体内の圧力 (＝液体の飽和蒸気圧) と液体の表面に加わる外圧 (大気圧) が等しくなった時, 液体内部からも蒸発が生じ, 気泡が発生します。この現象を**沸騰**といい, その時の温度を**沸点**といいます。つまり, 沸点とは「液体内の圧力＝外圧」の時の温度をいい, 外圧が高くなると沸点も**高くなる**ので, 誤りです。

(5)　0℃ で水と氷が共存するのは, 「同一圧力のもとでは同じ物質の融点と凝固点は等しい」からです。

第4回

問題17 **解答** （1）

解説 引火性液体に帯電して蓄積すると，電気火花が起こる可能性はありますが，電気分解または分解が起こることはないので誤りです。

（2）　電気の不導体というのは，ゴムなどのように電気が流れにくい物質のことを言い，別名，絶縁体とも言い，帯電しやすいので正しい。

（3）　ナイロンなどの合成繊維製品は，帯電しやすいので正しい。

（4）　空気中の水分が少ない，つまり湿度が低いほど帯電しやすいので正しい。

（5）　接地というのは，「物体と大地とを<u>電気抵抗</u>の<u>小さい</u>導体によって接続し，静電気を大地に逃がすことにより，物体の電位を下げる方法」で，これにより，帯電を防ぎ，静電気放電などを防ぐことができます（⇒カッコ内の下線部を空白にした出題あり）。

湿度が高いと静電気は空気中の水分に逃げます

接地をすると静電気は大地に逃げます

問題18 **解答** （2）

解説 水の密度は，約4℃において1g/cm³となり，最大となります。

（1）　固体ではなく**気体**です（シャルルの法則⇒圧力が一定の場合，**気体**の体積は温度が1℃上昇するごとに，0℃における体積の1/273ずつ膨張する）。

（3）　正しくは，「固体の**体膨張率**は，**線膨張率**の3倍である。」となります。つまり，固体の中での比較になります。なお，気体の体膨張率は固体の体膨張率に比べてはるかに大きいので，この点でも誤りです。

⑷　気体は，ボイル・シャルルの法則より，**圧力だけではなく温度の変化に**よっても膨張収縮するので，誤りです。

⑸　一般に液体は，温度が高くなるにつれて密度が**小さく**なります。

問題19　**解答**　⑷

解説　化学変化というのは，物質の性質が変化して別の物質に変化することなので，B，C，Dがその場合にあてはまります（B　鉄 ⇒ さび，C　酸化第二銅 ⇒ 金属銅，D　プロパン ⇒ 二酸化炭素と水）。

一方，物理変化というのは，性質を変えることなく状態のみが変わることなので，AとEがその場合にあてはまります。

解答

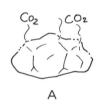

物理変化

問題20　**解答**　⑶

解説　鉄粉のように燃える金属もあるので誤りです。

⑴　カリウム，アルミニウム，カルシウムなど，比重が4より小さいものを**軽金属**というので正しい。

⑵　一般に金属は，**展性**，**延性**に富み，**特有の金属光沢**をもつので正しい。

⑷　水銀のように常温で液体の金属もあるので正しい。

⑸　主な金属の熱伝導率を大きい順に並べると，次のようになり，金の方が熱伝導率が大きいので正しい（電気伝導度もおおむねこの順です）。

銀＞銅＞**金**＞アルミニウム＞亜鉛＞**鉄**＞鉛＞水銀

問題21　**解答**　⑸

解説　燃焼の種類には，液体の燃焼，固体の燃焼，気体の燃焼があります。

1. 液体の燃焼

蒸発燃焼 液面から蒸発した可燃性蒸気が空気と混合して燃える燃焼。

（⇒ガソリン，アルコール類，灯油，重油などの燃焼）

2. 固体の燃焼

① **表面燃焼** 可燃物の表面だけが燃える燃焼（⇒木炭，コークスなど）

② **分解燃焼** 可燃物が加熱されて熱分解しその際発生する可燃性ガスが燃える燃焼（⇒木材，石炭などの燃焼）

・内部燃焼（自己燃焼） 分解燃焼のうち，その可燃物自身に含まれている酸素によって燃える燃焼（⇒セルロイドなどの燃焼）

③ **蒸発燃焼** 硫黄，ナフタリンなどの燃焼で，あまり一般的ではない。

3. 気体の燃焼

① **予混合燃焼** あらかじめ混ざり合った状態での燃焼

② **拡散燃焼** 混合しながらの燃焼

気体の燃焼は，3より，Aが**予混合燃焼**，Bが**拡散燃焼**となります。

問題22 **解答** (3)

解説 「マッチの火を近づけたところ引火した。」ということは，液温（40℃）が**引火点以上**，可燃性蒸気の濃度（8 vol%）が**燃焼範囲の下限値以上**になっている，ということです。

　よって，① 引火点は 40℃ より低い

　　　　　② 燃焼範囲の下限値が 8 vol% より下にある

となります。従って，まず，引火点が 40℃ 以下の数値を探すと，(1)～(4)が該当しますが，同時に燃焼範囲の下限値が 8 vol% 以下のところを探すと，(3)しかないので，これが正解となります。

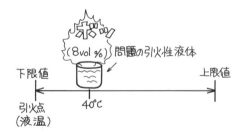

問題23 　**解答**　(3)

解説　動植物油類には，乾きやすい油とそうでないものがあり，乾きやすい
ものから順に乾性油，半乾性油，不乾性油と分けられています。このうち乾
性油は，空気中の酸素と反応しやす
いので，その際に発生した熱（酸化
熱）が蓄積すると自然発火を起こす
危険があります。

(2)　乾性油のしみ込んだものを長期
　　間，**通風の悪い場所**に積んである
　　と，空気中の酸素と反応して自然
　　発火を起こす危険があります。

(2)

(3)　ヨウ素価は，乾きやすさを表す指標で，その値が**大きい**ほど自然発火し
　　やすくなります（注：(2)と(5)は重要です）。

問題24　**解答**　(3)

解説　鉄は，水があるとサビが生じます（水があると表面の電子を失ってイ
オン化し，水に溶けだして酸素により酸化されるので腐食する）。
　従って，水と接触しないよう，**エポキシ樹脂塗料で完全に被覆**したり，あ
るいは，完全に**コンクリート中に埋設**されていると，腐食が起こりにくくな
ります。
　（⇒「アルカリ性のコンクリート中では腐食が抑制される」という出題が
あれば○になる）
(1)のように異種金属が接触していたり，(4)のように異なる土質や(5)のよう
　　に異なる環境状態にまたがって埋設されたりしていると腐食されやすくな
　　ります。

問題25　**解答**　(2)

解説　A　正しい。水消火剤は，たとえ霧状にしても油火災には適しません。
　なお，水消火剤には，その水蒸気によって酸素や可燃性蒸気を「希釈する」

という効果もあります。

B　誤り。一般の泡消火剤は，木材，紙，布等の**普通火災**にも使用できます。

C　誤り。強化液消火剤は－20℃でも凍結しないので，寒冷地での使用に適しています。

D　正しい。二酸化炭素消火剤を狭い空間で使用すると，酸欠事故を起こす危険があります。

E　誤り。リン酸塩を主成分とした**淡紅色**の粉末消火剤（ＡＢＣ消火器）は，**油火災**，**電気火災**のほか，木材等の**普通火災**にも適応します（⇒炭酸水素塩類を主成分とするものは，普通火災に適応しない）。

危険物の性質並びにその火災予防及び消火の方法

問題26　**解答**　⑶

解説　⑴　第１類の危険物は，酸素を物質に含有しており，加熱，衝撃，摩擦等により酸素を放出するおそれがあり，**不安定**になります。

⑵　第２類の危険物は，**可燃性の固体**であり，液体のものはありません。

⑷　第５類の危険物は，不燃性ではなく**可燃性**の**固体**または**液体**です。

⑸　第６類の危険物は，**酸化性**の液体です。

 こうして覚えよう！　　＜各類の状態＞

固体のみは１類と２類，液体のみは４類と６類

（危険物の本を読んでいたら）**固いひと　に　駅で無　視された**
固体　　１類　２類　液体　６類　４類

問題27 **解答** (5)

解説 (1) 発火点が90℃の**二硫化炭素**を除き，ほとんどが100℃以上です。

(2)(3) 第4類危険物は，一般に水に**溶けにくく**，水より**軽い**（比重が1より小さい）ので誤りです。

(4) 第4類危険物は，動植物油類の乾性油を除いては自然発火の危険性はありません。

問題28 **解答** (2)

解説 引火点はガソリンが−40℃以下，灯油が40℃なので，石油ストーブの燃料として使用すると激しく燃焼して危険です。

解答

問題29 **解答** (2)

解説 ベンゼンやトルエン，つまり，第4類危険物の火災は油火災とも言われますが，その油火災に不適応な消火剤が，「**強化液の棒状**」と「**水**」です。従って，(2)が誤りです。なお，ゴロ合わせは次の通りです。

 こうして覚えよう！ ＜油火災に不適当な消火剤＞

●**老いるといやがる 凶暴 な 水**
　　オイル（油）　　　　　　強化液（棒状）　水

　　　　　　　　　　⇩
　　　・強化液（棒状）
　　　・水（棒状・霧状とも）

問題30 **解答** (4)

解説 引火点はメタノールが11℃，エタノールが13℃なので，常温（20℃）より低く，誤りです。

(1)(2)　正しい。

(3)　**水や多くの有機溶媒に溶けます。**

(5)　ともに比重は，0.80なので1より小さく，正しい。

問題31　**解答**　(5)

解説　引火点は－20℃以下ではなく**－40℃以下**です。また，発火点は約150℃ではなく**約300℃**です。

(3)　第6類の危険物は不燃性ですが，酸化性があり，他の可燃物と混ざると発火する危険があるので正しい。

問題32　**解答**　(4)

解説　3種類の異性体とも比重が1より**小さく**，また，キシレンは灯油や軽油と同じく，第2石油類の**非水溶性**液体で，水には溶けません。

問題33　**解答**　(3)

解説　B　C重油の引火点は，**70℃以上**と規定されています。

E　重油の発火点は，250～380℃です。

問題34　**解答**　(4)

解説　危険物を注入する際に屋内タンク貯蔵所の通気貫通孔（通気管）を閉鎖すると，タンク内の空気が抜けず，危険物を注入できなくなるので，**開放**しておきます。

問題35　**解答**　(5)

解説　いずれも水には溶けませんが，アルコールやジエチルエーテルなどの有機溶媒には溶けます。

第5回

乙種第4類危険物取扱者

模 擬 テ ス ト

第5回

危 険 物 に 関 す る 法 令

問題 1

法令上，次の文の（　）内に当てはまる語句はどれか。

「第1石油類とは，アセトン，ガソリンその他1気圧において，引火点が（　）のものをいう。」

(1)　0℃ 以上　　　(2)　20℃ を超え50℃ 未満　　　(3)　21℃ 未満

(4)　21℃ 以上70℃ 未満　　　(5)　40℃ 以下

問題 2

法令上，同一場所で次の危険物を貯蔵する場合，貯蔵量は指定数量の何倍になるか。なお，（　）内は指定数量を示す。

硫黄（100 kg）…250 kg　赤りん（100 kg）…150 kg　鉄粉（500 kg）…900 kg

(1)　3.0 倍　　(2)　4.2 倍　　(3)　5.0 倍　　(4)　5.8 倍　　(5)　7.5 倍

問題 3

法令上，製造所等の仮使用の説明として，次のうち正しいものはどれか。

(1)　製造所等を変更する場合に，変更工事に係る部分以外の部分の全部又は一部を，市町村長等の承認を得て完成検査前に仮に使用することをいう。

(2)　製造所等を変更する場合に，工事終了部分を仮に使用することをいう。

(3)　製造所等を変更する場合，変更工事の開始前に仮に使用することをいう。

(4)　製造所等の設置工事において，工事終了部分の機械，装置等を完成検査前に試運転することをいう。

(5)　定期点検中の製造所等を 10 日以内の期間，仮に使用することをいう。

問題 4

法令上，製造所等を設置する場合の設置場所と許可権者について，次のうち誤っているものはどれか。

(1)　消防本部及び消防署を設置している市町村の区域に製造所等（移送取扱所を除く。）を設置する場合

………当該区域を管轄する市町村長の許可を受けなければならない。

(2) 消防本部及び消防署を設置していない市町村の区域に製造所等(移送取扱所を除く。)を設置する場合

………当該区域を管轄する都道府県知事の許可を受けなければならない。

(3) 消防本部及び消防署を設置している1の市町村の区域のみに移送取扱所を設置する場合………当該市町村長の許可を受けなければならない。

(4) 2以上の市町村の区域にわたって移送取扱所を設置する場合

………当該区域を管轄する都道府県知事の許可を受けなければならない。

(5) 2以上の都道府県の区域にまたがって移送取扱所を設置する場合

………消防庁長官の許可を受けなければならない。

第5回

問題

問題5

法令上,製造所等の定期点検について,次のうち誤っているものはどれか。ただし,規則で定める漏れに関する点検を除く。

(1) 定期点検の記録は,一定の期間,保存しなければならない。

(2) 丙種危険物取扱者は,定期点検を実施することができない。

(3) 定期点検を実施していない製造所等は,使用停止命令又は許可の取り消しの対象となる。

(4) 危険物保安監督者は,定期点検を実施することができる。

(5) 移動タンク貯蔵所は,定期点検を実施しなければならない製造所等の1つである。

問題6

危険物取扱者の資格のない者が,次の危険物取扱者の立会いを受けて下記の危険物を取り扱った。正しいものはどれか。

	危険物	立会いを行った危険物取扱者
(1)	引火性固体	乙種第4類危険物取扱者
(2)	クレオソート油	丙種危険物取扱者
(3)	軽油	乙種第6類危険物取扱者
(4)	ジエチルエーテル	丙種危険物取扱者
(5)	メチルアルコール	甲種危険物取扱者

第5回

問題7

危険物取扱者の免状について，次のうち正しいものはどれか。

(1) 甲種危険物取扱者は，すべての危険物を取り扱うことができるが，保安監督ができるのは第4類危険物のみである。

(2) 丙種危険物取扱者は第4類危険物を取り扱うことができる。

(3) 乙種第6類危険物取扱者は，製造所等において危険物取扱者以外の者が灯油を取り扱う際の立会いを行うことができる。

(4) 危険物取扱者試験に合格し，免状の交付を受けた者は，その日から起算して3年以内に保安講習を受講しなければならない。

(5) 都道府県知事は，危険物取扱者が消防法等に違反した場合は，免状の返納を命ずることが出来る。

問題8

次のうち，貯蔵し，又は取り扱う危険物の品名，数量又は指定数量の倍数にかかわりなく危険物保安監督者を選任しなければならない製造所等はいくつあるか。

「製造所，屋外タンク貯蔵所，屋内タンク貯蔵所，移送取扱所，
移動タンク貯蔵所，給油取扱所」

(1) 1つ　　　(2) 2つ　　　(3) 3つ　　　(4) 4つ　　　(5) 5つ

問題9

法令上，保安講習の受講義務について，次のうち正しいものはどれか。

(1) すべての危険物取扱者が受講しなければならない。

(2) 丙種危険物取扱者は受講しなくてもよい。

(3) 危険物の取り扱いに従事する者は，全員受講しなければならない。

(4) 危険物取扱者で危険物の取り扱い作業に従事する者は，保安講習を受講しなければならない。

(5) 危険物施設保安員は，危険物の保安に関する講習を受講しなければならない。

問題10

法令上，製造所等において，危険物を貯蔵し，又は取り扱う建築物等の周囲に保有しなければならない空地（以下「保有空地」という。）について，次のうち正しいものはどれか。

(1) 保有空地を設けなければならない建築物等の外周には，当該建築物を火災から守るための消火設備を設けなければならない。

(2) 学校，病院，高圧ガス施設等から一定の距離（保安距離）を保たなくてはならない危険物施設は，保有空地を設けなくてもよい。

(3) 貯蔵し，又は取り扱う指定数量の品名に応じて保有空地の幅が定められる。

(4) 簡易タンク貯蔵所は，保有空地を必要としない。

(5) 製造所と給油取扱所の保有空地の幅は同じである。

問題11

法令上，地下タンク貯蔵所の位置，構造及び設備の技術上の基準について，次のうち誤っているものはいくつあるか。

A 地下貯蔵タンク（二重殻タンクを除く。）又はその周囲には，当該タンクからの液体の危険物の漏れを検知する設備を設けなければならない。

B 地下タンク貯蔵所には第5種消火設備を2個以上設置すること。

C 液体の危険物の地下貯蔵タンクの注入口は，屋内に設けること。

D 地下貯蔵タンクには，通気管又は安全装置を設けなければならない。

E 地下貯蔵タンクを2以上隣接して設置する場合は，その相互間に2m以上の間隔を保つこと。

(1) 1つ　(2) 2つ　(3) 3つ　(4) 4つ　(5) 5つ

問題12

法令上，次のうち，給油取扱所における危険物の取り扱いの技術上の基準に適合しているものはどれか。

(1) 車の洗浄に使用する洗剤は，引火点が常温（20℃）よりはるかに高いものを使用した。

(2) 車のエンジンをかけたまま給油を求められたが，エンジンを停止させてから給油を行った。

(3)　固定給油設備がすべて使用中だったので，原動機付自転車のみ金属製ドラムから手動ポンプでガソリンを給油した。

(4)　油分離装置にたまった危険物は，希釈してから排出しなければならない。

(5)　移動タンク貯蔵所から地下専用タンクに注油中，当該タンクに接続している固定給油設備を使用して自動車に給油することとなったので，給油ノズルの吐出量をおさえて給油した。

問題13

法令上，危険物の運搬基準について，次のうち正しいものはどれか。

(1)　指定数量以上の危険物を運搬する場合，車両の前後の見やすい位置に，0.3ｍ平方以上，0.4ｍ平方以下の地が黒色の板に黄色の反射塗料，その他反射性を有する材料で「危」と表示した標識を掲げなければならない。

(2)　危険物は，容器内の圧力が上昇するおそれがある場合，ガス抜き口を設けた運搬容器に収納しなければならない。

(3)　指定数量未満の危険物を運搬する場合，運搬基準は適用されない。

(4)　第4類危険物のうち，水溶性の性状を有するものにあっては，「禁水」の表示を運搬容器の外部に行わなければならない。

(5)　危険物を車両で運搬する場合に当該危険物に適応する消火設備を備え付けなければならないのは，指定数量以上の危険物を車両で運搬する場合のみである。

問題14

法令上，製造所等に設置する消火設備について，次のうち誤っているものはどれか。

(1)　屋外消火栓設備は，第1種の消火設備である。

(2)　小型の消火器は，第5種の消火設備である。

(3)　第3種の消火設備は，その放射能力に応じて有効に消火することができるように設置しなければならない。

(4)　第4種の消火設備は，原則として防護対象物の各部分から一の消火設備に至る歩行距離が20ｍ以下となるように設けなければならない。

(5)　電気設備に対する消火設備は，電気設備のある場所の面積100ｍ²ごとに1個以上設ける。

問題15

　法令上，製造所等の所有者等が遵守しなければならない事項として，次のうち誤っているものはどれか。

(1)　製造所等の譲渡又は引渡しを受けたときは，遅滞なく，その旨を市町村長等に届け出ること。

(2)　製造所等の設置又は変更の工事が完了したときは，使用する前に，市町村長等が行う完成検査を受けること。

(3)　製造所等を設置する場合は，工事が完了するまでに，市町村長等の設置許可を受けること。

(4)　製造所等の位置，構造又は設備を変更しようとするときは，市町村長等の許可を受けること。

(5)　製造所等を設置する場合，消防本部及び消防署を置かない市町村の区域においては，当該区域を管轄する都道府県知事に設置許可申請書を提出する必要がある。

＝＝＝基礎的な物理学及び基礎的な化学＝＝＝

問題16

　メタノールが完全燃焼したときの化学反応式について，次の文の（　）内のＡ～Ｃに当てはまる数字および化学式の組合せとして，正しいものはどれか。

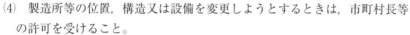

$(A)CH_3OH + (B)O_2 \rightarrow 2(C) + 4H_2O$

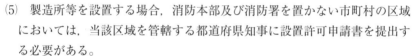

	(A)	(B)	(C)
(1)	2	3	CO_2
(2)	2	3	CO
(3)	3	2	$HCHO$
(4)	3	2	CH_4
(5)	4	3	CO_2

第5回

問題17

次のような静電気事故を防止するための給油取扱所における静電気対策として，適切でないものはどれか。

「顧客に自ら給油等をさせる給油取扱所（セルフスタンド）において，給油を行おうとして自動車燃料タンクの給油口キャップを緩めた際に，噴出したガソリン蒸気に静電気放電したことにより引火して火災となった。」

(1) 固定給油設備等のホースおよびノズルの電気の導通を良好に保つ。

(2) 静電気放電が起きないようにするため，給油口キャップを開放する前には金属等に触れないようにする。

(3) 見やすい箇所に「静電気除去」に関する事項を表示する。

(4) 従業員等は，帯電防止服および帯電防止靴の着用を励行する。

(5) 空気が乾燥していると静電気が蓄積しやすいので，取扱場所を濡らしておく。

問題18

化学変化に該当する用語のみの組み合わせは，次のうちどれか。

(1) 分解……燃焼……中和

(2) 中和……凝縮……化合

(3) 燃焼……分解……凝縮

(4) 融解……混合……昇華

(5) 昇華……融解……化合

問題19

酸および塩基についての次の説明のうち，正しいものはどれか。

(1) 水溶液の中で電離して水酸化物イオン（OH^-）を生じるものは酸である。

(2) 赤色のリトマス試験紙を青色に変えるのは酸性である。

(3) pH 2.0 と pH 6.8 では，pH 2.0 の方が酸性が強いが，中性に近いのは pH 6.8 の方である。

(4) 酸はすべて酸素を含む化合物である。

(5) 水酸化ナトリウム水溶液の水素イオン指数は 7 である。

第5回

問題

問題20

燃焼について，次のうち正しいものはどれか。

(1) 可燃性液体は，燃焼範囲の下限値が大きく，また，その範囲が狭いものほど，危険性が大きい。

(2) 可燃性液体が燃焼範囲の下限値の濃度の蒸気を発生するときの液温を引火点という。

(3) 可燃性液体が燃焼範囲の上限値の濃度の蒸気を発生するときの液温を発火点という。

(4) ガソリンや灯油などが完全燃焼すると，一酸化炭素と水素が生じる。

(5) 一般に酸化反応のすべてを燃焼という。

問題21

燃焼の一般的な難易に関して，次のうち誤っているものはどれか。

(1) 空気との接触面積が大きいものほど燃えやすい。

(2) 可燃性ガスの発生が少ないものほど燃えにくい。

(3) 熱伝導率の大きい物質ほど燃焼しやすい。

(4) 金属を粉体にすると燃えやすくなるのは，単位重量あたりの表面積が大きくなるからである。

(5) 気化熱の大小と燃焼のしやすさには関係がない。

問題22

地中に埋設された危険物配管を電気化学的な腐食から防ぐのに異種金属を接続する方法がある。配管が鉄製の場合，接続する異種の金属として，次のうち正しいものはいくつあるか。

銅，ナトリウム，ニッケル，マグネシウム，アルミニウム，鉛，銀

(1) 1つ　　(2) 2つ　　(3) 3つ　　(4) 4つ　　(5) 5つ

問題23

引火点と引火の危険性との関係として，次のうち正しいものはどれか。

(1) 引火点が低いものは，低い温度でも蒸気を多く出すので，引火の危険性は小さい。

(2) 引火点が低いものは，低い温度でも燃焼する濃度の蒸気を発生するので，引火の危険性は大きい。

(3) 引火点が高いものは，引火点が低いものより，一般的に引火の危険性は大きい。

(4) 引火点が高いものは，引火点の低いものより蒸気を多く出すので，引火の危険性は大きい。

(5) 引火点が高いものは，より高い温度で引火するので，引火点の低いものより危険性が大きい。

問題24

消火について，次のうち誤っているものはどれか。

(1) 泡消火剤にはいろいろな種類があるが，いずれも窒息効果と冷却効果がある。

(2) 燃焼の3要素のうち，いずれか2つの要素を取り去らなければ消火できない。

(3) 二酸化炭素消火剤を放射して燃焼物周囲の酸素濃度が，おおむね14～15 vol%以下になれば燃焼は停止する。

(4) 引火性液体の燃焼は，燃焼中の液体の温度を引火点未満に冷却すれば消火することができる。

(5) ハロゲン化物消火剤は，燃焼の抑制（負触媒）作用による消火効果が大きい。

問題25

油火災と電気設備の火災のいずれにも適応する消火剤の組合せとして，次のうち正しいものはどれか。

(1) 霧状の水，乾燥砂，ハロゲン化物

(2) 泡，二酸化炭素，消火粉末

(3) 霧状の水，消火粉末，泡

(4) 二酸化炭素，ハロゲン化物，消火粉末

(5) 泡，二酸化炭素，ハロゲン化物

模擬テスト

危険物の性質並びにその火災予防及び消火の方法

問題26

第1類から第6類の危険物の性状について，次のうち正しいものはどれか。

(1) 常温（20℃）において，気体のものもある。

(2) 不燃性の液体および固体で，他の燃焼を助けるものがある。

(3) 液体の危険物の比重は1より小さいが，固体の危険物の比重はすべて1より大きい。

(4) 空気中で自然発火を起こすのは，第4類危険物の乾性油（動植物油類）のみである。

(5) 同一の類の危険物に対する適応消火剤および消火方法は同じである。

問題27

第4類危険物の一般的な性質として，次のうち誤っているものはどれか。

(1) 一般に水より軽い。　　　　(2) 一般に蒸気比重は1より小さい。

(3) 一般に静電気が発生しやすい。　(4) 一般に自然発火はしない。

(5) 一般に沸点の低いものは，引火しやすい。

問題28

アセトアルデヒドの性状について，次のうち誤っているものはどれか。

(1) 無色透明の液体である。

(2) 水，エタノールに溶けない。

(3) 引火点が非常に低く，引火，爆発の危険性がある。

(4) 熱，光により分解し，メタン，一酸化炭素を発生する。

(5) 空気と接触し加圧すると，爆発性の過酸化物を生成することがある。

問題29

ガソリンの火災に適応しない消火設備は，次のうちどれか。

(1) スプリンクラー設備　　　(2) 霧状の強化液を放射する小型の消火器

(3) 泡消火設備　　　　　　　(4) 二酸化炭素を放射する大型の消火器

(5)　消火粉末（りん酸塩類）を放射する大型の消火器

問題30

次の事故事例を教訓とした今後の対策として，誤っているものは次の
うちどれか。

　「給油取扱所の固定給油設備から軽油が漏れて地下に浸透したため，地下
専用タンクの外面保護材の一部が溶解した。また，周囲の地下水も汚染され，
油臭くなった。」

(1)　給油中は吐出状況を監視し，ノズルから空気（気泡）を吐き出していな
　いかどうか注意すること。

(2)　固定給油設備は，定期的に全面カバーを取り外し，ポンプおよび配管に
　漏れがないか点検すること。

(3)　固定給油設備のポンプおよび下部ピット内は点検を容易にするため，常
　に清掃しておくこと。

(4)　固定給油設備のポンプおよび配管等の一部に著しく油，ごみ等が付着す
　る場合は，その付近に漏れの疑いがあるので，重点的に点検すること。

(5)　固定給油設備の下部ピットは，油が漏れていても地下に浸透しないよう
　に，内側をアスファルトで被覆しておくこと。

問題31

ガソリンの性状について，次のうち誤っているものはどれか。

(1)　きわめて引火しやすい。

(2)　蒸気は空気より軽いので，高所にたまりやすい。

(3)　流動などの際に，静電気を発生しやすい。

(4)　特有の臭気を有する液体で，揮発しやすい。

(5)　水には溶けない。

問題32

灯油の性状等について，次のうち正しいものはどれか。

(1)　引火点は常温（20℃）より高い。　　(2)　蒸気は空気よりも軽い。

(3)　電気の良導体であり，静電気は帯電しない。(4)　無臭の液体である。

(5)　発火点は 100℃ 以下である。

問題33

次のような事故を防止する方法として，誤っているものはどれか。

「自動車整備工場（一般取扱所）において，自動車の燃料タンクのドレン（排出口）から金属製ロートを使用してガソリンをポリエチレン容器（10ℓ）に抜き取る作業をしていたところ，発生した静電気がスパークしたため，ガソリン蒸気に引火して火災となり，危険物取扱者が火傷を負った。」

(1) 衣服は化学繊維を避け，木綿製あるいは，導電性のあるものを着用する。

(2) 容器はポリエチレンではなく金属製とし，接地する。

(3) 燃料タンクを加圧してガソリンの流速を速め，抜き取りを短時間でやらせる。

(4) ガソリンの抜き取り作業は，通風または換気のよい場所で行う。

(5) 火花が発生するような工具を使用しない。

問題34

酢酸と酢酸エチルの共通する性状について，次のうち正しいものはどれか。

(1) 無色透明な液体である。　　(2) 芳香臭がある。

(3) 蒸気は空気より軽い。　　(4) 水によく溶ける。

(5) 引火点は，常温（20℃）より低い。

問題35

引火点の低いものから高いものの順になっているものは，次のうちどれか。

(1) 重油　　　　　　　→　ギヤー油　　→　軽油

(2) ジエチルエーテル　→　キシレン　　→　重油

(3) ギヤー油　　　　　→　灯油　　　　→　二硫化炭素

(4) 軽油　　　　　　　→　ガソリン　　→　トルエン

(5) シリンダー油　　　→　エタノール　→　灯油

第5回テストの解答

═══ 危 険 物 に 関 す る 法 令 ═══

問題1 **解答** (3)

解説 第1石油類の引火点は **21℃ 未満**です。（P 110 のゴロ合わせ参照）

問題2 **解答** (4)

解説 危険物が複数ある場合の指定数量の倍数は，各危険物の倍数を足します。たとえば，A，B，C の危険物があるとすると，「**A，B 及び C それぞれの貯蔵量を，それぞれの指定数量で除して得た値の和。**」ということになります（出題例あり）。従って，硫黄が，$\dfrac{250\,\text{kg}}{100\,\text{kg}} = 2.5$ 倍，赤りんが，$\dfrac{150\,\text{kg}}{100\,\text{kg}} = 1.5$ 倍，鉄粉が，$\dfrac{900\,\text{kg}}{500\,\text{kg}} = 1.8$ 倍，となるので，$2.5 + 1.5 + 1.8 = 5.8$ 倍となります。

問題3 **解答** (1)

解説 仮使用とは，製造所等の位置，構造，または設備を変更する場合に，**変更**工事に係る部分**以外**の部分の全部または一部を，市町村長等の**承認**を得て**完成検査前**に仮に使用することをいいます。

　なお，この仮使用と仮貯蔵とは何かと間違いやすいので，ポイントを把握しておこう。

○　仮使用⇒「市町村長等」の「承認」で「完成検査前に仮使用」

○　仮貯蔵⇒「消防長，または消防署長」の「承認」で「10 日以内の仮貯蔵」

●　従って，仮使用と「10 日」という期限は関係がないので注意しよう。

仮貯蔵は消防長（または消防署長），仮使用は市町村長等が承認します

問題4 　解答 (5)

解説　２以上の都道府県の区域にわたって設置される移送取扱所の場合は，**総務大臣**の許可が必要になります。（注：移送取扱所は**鉄道**や**隧道**（トンネル）内には設置できないので注意！⇒出題例あり）。

　なお，製造所等の設置または位置，構造又は設備を変更する許可を受けた者は，市町村長等が行う完成検査を受け，位置，構造及び設備が技術上の基準に適合していると認められた後でなければ，これを使用してはならない，となっているので注意してください。

問題5 　解答 (2)

解説　定期点検を行えるのは，甲種，乙種および丙種の**危険物取扱者**，危険物施設保安員，そして**危険物取扱者の立ち会いを受けた者**（無資格者）です。

　従って，丙種危険物取扱者も定期点検を実施することができます。

(1) 定期点検の記録は，**3年間**保存する必要があります。

(3) 正しい。

(4) 危険物保安監督者は，6ヶ月以上実務経験のある甲種または乙種**危険物取扱者**の中から選任するので，定期点検を実施することができ，正しい。

(5) 定期点検を必ず実施する施設は，地下タンクを有する一定の施設と**移動**

タンク貯蔵所および移送取扱所（一部例外あり）なので，正しい。

問題6 **解答** (5)

解説 無資格者でも，危険物取扱者の立会いを受ければ，危険物の取扱いが できます。その場合，取り扱える危険物は，**その危険物取扱者が取り扱える 危険物**に限定されます。従って，甲種危険物取扱者はすべての危険物を取り 扱えるので，立会いをすればメチルアルコール（メタノール）を取り扱うこ とができ，正しい。

(1) 引火性個体は第2類の危険物なので，甲種か乙種第2類危険物取扱者の 立会いが必要です。

(2) 丙種危険物取扱者には立会い権限はないので，誤りです。

(3) 軽油は第4類危険物の第2石油類なので，甲種か乙種第4類危険物取扱 者の立会いが必要です。

(4) 丙種危険物取扱者には立会い権限はないので，誤りです。

丙種 またはその危険物を取扱えない 危険物取扱者には 立会い権限はありません

問題7 **解答** (5)

解説 (1) 甲種危険物取扱者は，すべての危険物の取扱いと保安監督ができ るので誤りです。

(2) 丙種が取り扱えるのは，第4類危険物のうちの一部です。

(3) 乙種第6類危険物取扱者は，灯油を取り扱えないので誤りです。

(4) 免状の交付を受けた，というだけでは受講義務はありません。

問題8 **解答** (4)

解説 危険物の品名，数量又は指定数量の倍数にかかわりなく危険物保安監督者を選任する必要がある危険物施設は，「**製造所，屋外タンク貯蔵所，給油取扱所，移送取扱所**」の4つです。

なお，屋内タンク貯蔵所は，危険物の種類や一定の指定数量のときに選任する必要があり，また，移動タンク貯蔵所は，逆に指定数量に関係なく危険物保安監督者を選任する<u>必要がない</u>危険物施設です。

監督は	外のタンクに	誠	意	を込めて	給油した
	屋外タンク	製造所	移送取扱所		給油取扱所

問題9 **解答** (4)

解説 講習を受講しなければならないのは，**危険物取扱者で危険物の取扱作業に従事している者**です。

(1) 危険物取扱者であっても危険物の取扱作業に従事していなければ受講義務はありません。

(2) 丙種であっても危険物の取扱作業に従事していれば受講義務があります。

(3) 危険物取扱者でない者には受講義務はありません。

(5) 危険物施設保安員には受講義務はありません。

問題10 **解答** (3)

解説 (1) 保有空地は，消火活動や延焼防止のために確保する空地であり，どのような物品であっても設けることはできません。

(2) 保安距離が必要な危険物施設には，保有空地も設ける必要があります。

(4) 保有空地が必要な施設は，保安距離が必要な施設に**簡易タンク貯蔵所（屋外設置）**と**移送取扱所（地上設置）**を加えた７つの施設なので簡易タンク貯蔵所にも必要です。

(5) 製造所の空地の幅は，指定数量の倍数により次のように定められています。

指定数量の倍数が 10 以下の製造所	3 m 以下
指定数量の倍数が 10 を超える製造所	5 m 以下

一方，給油取扱所には保安距離も保有空地も必要としないので，誤りということになります。

> 「保安距離が必要な施設」と「保有空地が必要な施設」は"同じ"と先ずは強引に覚えておこう！
> それが頭に定着したら「ただ保有空地には『簡易タンクと移送取扱所』という"オマケ"が付いている」と付け足して覚えればむずかしくはないはずじゃ！

問題11　**解答** (2)　（CとEが誤り）

解説　A　B　正しい。

C　誤り。液体の危険物の地下貯蔵タンクの注入口は，<u>屋外</u>に設けます。

D　正しい。なお，タンク施設の通気管は，原則として，地盤面から4m以上の高さとする必要があり，出題例があります（簡易タンクは除く）。

E　誤り。タンク間の距離は1m以上（タンク容量の合計が指定数量の100倍以下の場合は0.5m）です。

従って，誤っているのは，C，Eの2つになります。

なお，その他の基準には，「地下貯蔵タンクの配管は，当該タンクの頂部に設けなければならない。」「地下貯蔵タンクは，**地盤面下に設けられたタンク室**に設置すること（⇒地盤面下に直接，埋設してはならない）。」「地下タンク貯蔵所には，見やすい箇所に地下タンク貯蔵所である旨を表示した標識及び防火に関し必要な事項を掲示した掲示板を設けなければならない。」などがあります。

問題12　**解答** (2)

解説　(1)　車を洗浄する際は，いくら高くても**引火点を有する液体**（**引火性液体**）を使用してはいけないので誤りです。

(3)　給油は**固定給油設備**を用いて行う必要があるので誤りです。

(4)　油分離装置にたまった危険物の廃油は，**あふれないよう随時くみ上げる**必要があり，河川や下水に排出するのは不適切です（⇒「危険物は，海中，水中に流出，投下してはならない」）。

(5)　このような場合，その固定給油設備を使用しての給油は行ってはならないので，誤りです。

(5)　同じタンクに注油中は，給油できません！

問題13　**解答**　(5)

解説　(1)　0.3 m 平方以上，0.4 m 平方以下というのは，移送の際に移動タンク貯蔵所に掲げる標識の規定であり，運搬の場合は，「**0.3 m 平方**」とのみなっています。

(2)　この規定には例外規定があり，「発生するガスが**毒性**又は**引火性**を有する等の危険性があるときを除き」とあるので，容器内の圧力が上昇するからと言って，すべてガス抜き口を設けた運搬容器に収納できるわけではありません（⇒ 毒性，引火性があればガス抜き口を設けられない）。

(3)　運搬に関する基準（容器，積載方法とも）については，指定数量以上，未満にかかわらず適用されます。

(4)　「禁水」は，第1類のアルカリ金属の過酸化物や第3類の禁水性物品等のみであり，第4類危険物の場合は，「**火気厳禁**」の表示を行う必要があります。

(5)　**指定数量以上**の危険物を車両で運搬する場合には，当該危険物に適応する消火設備を備え付けなければならないので，正しい。なお，**指定数量以上の危険物を車両で運搬する場合**，当該車両に「危」の標識も掲げる必要があります。

問題14　**解答**　(4)

解説　(4)　防護対象物の各部分から一の消火設備に至る**歩行距離**は，第4種消火設備（大型消火器）が**30 m 以下**，第5種消火設備（小型消火器）が**20 m 以下**です。

ちなみに，屋内消火栓設備はホース接続口までの**水平距離**が**25 m 以下**，屋外消火栓設備は**40 m 以下**となっています（出題例あり）。

問題15　**解答**　(3)

解説　製造所等を設置する場合，「工事が完了するまでに」ではなく，「工事を開始する前」に市町村長等の設置許可を受ける必要があります。

解答

基礎的な物理学及び基礎的な化学

問題16 解答 (1)

解説 メタノールの化学反応式については，次のようになります。

$$2\,CH_3OH + 3\,O_2 \rightarrow 2\,CO_2 + 4\,H_2O$$

従って，（A）は2，（B）は3，（C）はCO_2になります。

問題17 解答 (2)

解説 人体にも静電気は帯電するので，手で給油口キャップを開放する前に，接地をしてある金属等に触れて，帯電した静電気を逃がすのは静電気対策として有効です。

問題18 解答 (1)

解説 化学変化というのは，<u>物質の性質が変化して別の物質に変化すること</u>をいいます。これを頭に入れて問題を考えていくと

(1) **分解**は，化合物を2つ以上の成分に分けること，すなわち，化合とは逆の現象なので化学変化となります。**燃焼**も酸素と化合することになるので化学変化，**中和**は酸とアルカリが反応して塩と水が生じる現象なので，これも化学変化となり，よって，これが正解です。

(2) **中和**と**化合**は化学変化ですが，**凝縮**は気体がその性質を変えることなく

（液体に）状態のみを変えることなので物理変化となり，よって誤りです。

(3)　**燃焼**と**分解**は化学変化ですが，**凝縮**は物理変化です。

(4)　**融解**は，固体が単に液体に変わることなので，物理変化となり，また，**混合**は2種類以上の物質が単に混ざり合っただけだから，これも物理変化で，更に**昇華**も液体が気体（またはその逆）に状態が変わっただけなので物理変化となり，従って，すべて物理変化となります。

(5)　**昇華**と**融解**は物理変化ですが，**化合**は化学変化です。

問題19　**解答**　(3)

解説　(1)　水酸化物イオン（OH⁻）を出すのは**塩基**で，酸は，水に溶けて**水素イオン**（H⁺）を生じます。

(2)　酸性ではなく，**アルカリ性**です（信号が赤から青に変わる→歩く→アルク→アルカリ性と連想しましょう）。

(3)　中性は**pH＝7**で，酸性はその7より小さいので，pH 6.8 の方が中性に近いことになります。

(4)　「酸」が付くからと言って必ずしも酸素を含むわけではなく，塩酸（HCl）のように，酸素（O）を含まない「酸」もあります。

(5)　水酸化ナトリウム水溶液は**アルカリ性**であり，その水素イオン指数は7ではなく，7より**大きく**なります。

問題20　**解答**　(2)

解説　引火点を問題とは別の言い方をすると，「可燃性液体の表面に点火源をもっていった時，引火するのに十分な濃度の蒸気を液面上に発生している時の，最低の液温」となります。

(1)　燃焼範囲の下限値が大きく，範囲が狭いものほど，危険性は逆に小さくなります（下図参照）。

(3)　燃焼範囲の上限値と発火点とは，直接関係がありません。発火点とは，

「可燃物を空気中で加熱した場合，**点火源がなくても発火して燃焼を開始**する時の，**最低の温度**」のことをいいます。

(4) 一般に，ガソリンや灯油などの有機化合物が燃焼すると，一酸化炭素ではなく，**二酸化炭素と水**が生じます。

(5) 単なる酸化反応ではなく，「**熱と光の発生を伴う酸化反応**」のことを燃焼といいます。

第5回

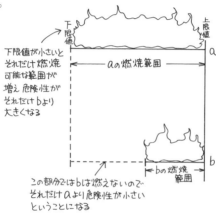

(1) 燃焼範囲と危険性

問題21 **解答** (3)

解説 熱伝導率が大きいと，熱が逃げやすく，熱が蓄積しないので，温度が上昇しにくくなり，燃焼しにくくなります。なお，その他，「**蒸発しやすいほど燃えやすくなる**」というのもポイントです。

接触面積が小さい　　接触面積が大きい

(1) 空気との接触面積が大きいほど燃えやすくなります。

問題22 **解答** (3)

解説 鉄の腐食を防ぐには，鉄よりイオン化傾向の**大きい金属**を接続すれば
よいので，次のイオン化列において Fe より左にある金属であればよいこと
になります。

(大)←カ ソゥカ ナ マ ア ア テ ニ ス ナ

$$K > Ca > Na > Mg > Al > Zn > Fe > Ni > Sn > Pb >$$

ヒ ド ス ギル ハク (シャッ) キン （小）

$$(H_2) > Cu > Hg > Ag > Pt > \qquad Au >$$

(注：H_2 は金属ではないが，陽イオンになろうとする性質があるのでイオン化列に
含まれている。なお，上のカナはゴロ合わせで，「貸そうかな，まあ当てにすな，
ひどすぎる借金」となる。)

従って，Fe より左にある**ナトリウム（Na），マグネシウム（Mg），アル
ミニウム（Al）**の3つになります。

問題23 **解答** (2)

解説 (1) 低い温度でも蒸気を多く出すので，引火の危険性は逆に，<u>大きく</u>
なります。

(3) 引火点が高いものは，引火点が低いものより，高い温度でないと引火し
ないので，引火の危険性は<u>小さく</u>なります。

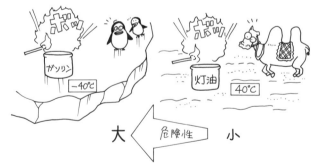

砂漠の気温で引火する灯油より南極の気温でも
引火するガソリンの方が引火の危険性は大きくなります

(4) 引火点が高いものは, 引火点の低いものより, より高い温度でないと燃焼する濃度の蒸気を発生しないので, 引火の危険性は逆に<u>小さく</u>なります。

(5) 引火点が高いものは, より高い温度でしか引火しないので, 引火点の低いものより危険性は<u>小さく</u>なります。

問題24 **解答** (2)

解説 燃焼の3要素のうち, 1つの要素を取り除けば消火できます。

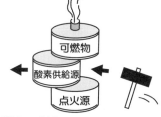

第5回

解答

燃焼の三要素　　消火の方法（どれか一つを取り除く）

問題25 **解答** (4)

解説 P 201 の表より, 油と電気ともに○があるのは, (4)の二酸化炭素, ハロゲン化物, 消火粉末の組合せだけです。

なお, 最近, 金属火災について出題されるようになったので, その主なポイントを挙げておきます。

● 適応消火剤は**乾燥塩化ナトリウム粉末**

● **冷却効果**と**窒息効果**により消火する。

危険物の性質並びにその火災予防及び消火の方法

問題26 **解答** (2)

解説 不燃性の固体は**第1類の酸化性固体**で, 不燃性の液体は**第6類の酸化性液体**で, いずれも他の物質の燃焼を助けるので, 正しい。

(1) 常温において気体の危険物というのはありません。

(3) 液体の危険物でも比重が1より大きい**二硫化炭素**や**グリセリン**などがあり，また固体の危険物でも比重が1より小さいカリウムや固形アルコールなどがあるので誤りです。

(4) 第3類の危険物にも自然発火の危険性があります。

(5) 同一の類の危険物でも，適応する消火剤および消火方法が異なる場合もあります（例：第4類の水溶性と非水溶性の危険物では，泡消火剤の種類が異なる）。

問題27 **解答** (2)

解説 第4類危険物の蒸気は空気より**重い**ので，したがって「蒸気比重は1より**大きい**」が正解です。

問題28 **解答** (2)

解説 アセトアルデヒドは，水に溶けやすく，また，エタノールやジエチルエーテル，ベンゼンなどの有機溶媒にも溶けます。

問題29 **解答** (1)

解説 ガソリンを含む第4類危険物の火災，いわゆる油火災に不適応な消火剤は，**棒状放射の強化液**と**水（棒状，霧状とも）**です。従って，スプリンクラー設備は水を放射する消火設備なので，ガソリン火災には適応しません。

問題30 **解答** (5)

解説 アスファルトは，原油を精製する際に残った黒色の固体または半固体の炭化水素で，もとは原油なので，下部ピットをアスファルトで被覆しても，地下に浸透してしまいます。

第5回

解答

問題31　**解答**　(2)

解説　ガソリンなどの第4類危険物の蒸気は空気より**重く**，**低所**にたまりやすいので誤りです。

第4類の蒸気は低所に滞留します!

問題32　**解答**　(1)

解説　灯油の引火点は**40℃以上**なので常温（20℃）より高く，正しい。

(2)　第4類危険物の蒸気は空気より**重い**ので誤りです。

(3)　一般に，灯油などの第4類危険物は電気の**不良導体**であり，静電気が帯電しやすいので，誤りです。

(4)　**特有の臭気（石油臭）**があります。

(5)　灯油の発火点は**220℃**なので誤りです。

問題33　**解答**　(3)

解説　静電気はガソリンの流速が速いほど発生しやすいので，抜き取りは時間をかけてゆっくり行う必要があります。

(2)　静電気は，ポリエチレンなどの**不良導体**（電気を通しにくいもの）ほど発生しやすいので，それらの容器を使用せず，また，金属製の容器を接地しているので静電気が大地に流れて蓄積しないので，正しい。

問題34　**解答**　(1)

解説　酢酸と酢酸エチルという，そう頻繁には出題されない危険物の名称に戸惑われたかもしれませんが，この問題は第4類危険物に共通する性状を知っているだけで解ける問題です。つまり，「**第4類危険物は，一部**（p 235の暗記大作戦の(4)の危険物）**を除いて無色透明である**」ので，従って(1)が正解となります。

乙4試験には，この問題のようにあまり"メジャーではない"危険物もたまに出題されるんじゃ。しかし，正解はたいてい「第4類危険物に共通する性質」である場合がほとんどなのじゃ。したがって，ぜんぜん知らない危険物が出てきても慌てることなく「第4類危険物に共通する性質」を思い出して解答すればたいていは解けるはずじゃ。わかったかね？

ハ～イッ

問題35 **解答** ⑵

解説 引火点の高低なので，まずは，**特殊引火物 ⇒ 第1石油類 ⇒ アルコール類 ⇒ 第2石油類 ⇒ 第3石油類 ⇒ 第4石油類**という順になっているものを探します。

⑴ 重油は**第3石油類**，ギヤー油は**第4石油類**と順になっていますが，軽油は**第2石油類**なので，順序が逆になっており，誤りです。

⑵ ジエチルエーテルは**特殊引火物**，キシレンは**第2石油類**，重油は**第3石油類**と，順に並んでいるので，これが正解です。

⑶ ギヤー油は**第4石油類**，灯油は**第2石油類**，二硫化炭素は**特殊引火物**なので，すべて順序が逆になっています。

⑷ 軽油は**第2石油類**，ガソリンとトルエンは**第1石油類**なので，逆になっており，誤りです。

⑸ シリンダー油は**第4石油類**，灯油は**第2石油類**なので，すべて順序が逆になっています。

第6回

乙種第4類危険物取扱者

模 擬 テ ス ト

第6回

══危 険 物 に 関 す る 法 令══

問題1

法別表第1に掲げる危険物の性質と品名の組合せとして，次のうち誤っているものはどれか。

	類別	性質	品名
(1)	第1類	酸化性固体	過マンガン酸塩類
(2)	第2類	可燃性液体	黄リン
(3)	第3類	自然発火性及び禁水性物質	カリウム
(4)	第5類	自己反応性物質	硝酸エステル類
(5)	第6類	酸化性液体	過酸化水素

問題2

法令上，製造所において，第2石油類を 20,000 ℓ 貯蔵する場合，指定数量の倍数はいくらか。
- (1) その危険物が非水溶性液体であれば50倍である。
- (2) その危険物が非水溶性液体であれば20倍である。
- (3) その危険物が水溶性液体であれば20倍である。
- (4) その危険物が非水溶性液体であれば30倍である。
- (5) その危険物が水溶性液体であれば5倍である。

問題3

法令上，市町村長等の許可を受けなければならないものは，次のうちどれか。
- (1) 製造所等を譲り受けるとき。
- (2) 製造所等の位置，構造又は設備を変更するとき。
- (3) 予防規程を変更するとき。
- (4) 危険物保安監督者を定めたとき。
- (5) 製造所等の用途を廃止するとき。

問題 4

法令上，市町村長等による製造所等の使用停止命令の事由に該当しないものは，次のうちどれか。

(1) 製造所等で危険物の取扱作業に従事している危険物取扱者が，免状の書替えをしていない場合。

(2) 危険物保安統括管理者を定めなければならない事業所において，それを定めていない場合。

(3) 設備又は変更に係る完成検査を受けずに，製造所等を全面的に使用した場合。

(4) 危険物保安監督者を定めなければならない製造所等において，それを定めていない場合。

(5) 定期点検を行わなければならない製造所等において，それを期間内に実施していない場合。

問題 5

法令上，製造所等のうち，一定規模以上のものは市町村長等が行う保安に関する検査を受けなければならないが，この検査の対象となるものは，次のうちいくつあるか。

　一般取扱所　　　移送取扱所　　　給油取扱所　　　製造所
　屋外タンク貯蔵所　　屋内タンク貯蔵所

(1) 1つ　　　(2) 2つ　　　(3) 3つ　　　(4) 4つ　　　(5) 5つ

問題 6

予防規程についての説明で，次のうち誤っているものはどれか。

(1) 製造所等の火災を予防するため，危険物の保安に関し必要な事項を定めた規定をいう。

(2) 予防規程の内容に不備があれば認可されない。

(3) 製造所等の所有者，管理者，又は占有者および製造所等に出入りする業者は，予防規程を遵守しなければならない。

(4) 給油取扱所と移送取扱所とでは，指定数量に関係なく必ず定める必要がある。

(5) 予防規程を定めるのは，特定の製造所等の所有者等である。

問題7

次のA～Eのうち，誤っているものをすべて掲げているものはどれか。

A　完成検査前検査を受けようとする者は，検査の区分に応じた工事の工程が完了してから市町村長等に申請しなければならない。

B　容量が1000kℓ未満の屋外タンク貯蔵所の液体危険物タンクが完成検査前検査を受ける場合は，水張検査又は水圧検査のみ実施すればよい。

C　固体の危険物のみを貯蔵し，取り扱うタンクの場合，完成検査前検査を受けることを要しない。

D　完成検査前検査において，適合していると認められた事項については，完成検査前検査を受けることを要しない。

E　製造所，一般取扱所に設置される液体危険物タンクで，その容量が指定数量未満のものについては，完成検査前検査の対象から除外されている。

(1)　A　　　　　　(2)　B，E

(3)　C，D　　　　(4)　A，C，D

(5)　B，C，D

問題8

危険物保安監督者及び危険物施設保安員について，次のうち正しいものはどれか。

(1)　丙種危険物取扱者は，免状に指定された危険物のみなら保安監督者になれる。

(2)　危険物保安監督者は，製造所等の位置，構造又は設備の変更その他法に定める諸手続きに関する業務を実施しなければならない。

(3)　給油取扱所と移動タンク貯蔵所には，必ず危険物保安監督者を選任しなければならない。

(4)　危険物保安監督者を定めたとき，又は解任したときは市町村長等に届け出る必要がある。

(5)　危険物施設保安員は，危険物取扱者でなければならない。

問題9

法令上，指定数量の倍数が 50 を超えるガソリンを貯蔵する屋内貯蔵所（独立専用の平家建）の構造及び設備について，技術上の基準に適合していないものはどれか。ただし，特例基準適用の屋内貯蔵所を除く。

(1) 床面積は 1000 m² 以下とすること。

(2) 延焼のおそれのない外壁の窓には，網入りガラスを用いた防火設備を設けること。

(3) 可燃性の蒸気を屋根上に排出する設備を設けること。

(4) 地盤面から軒までの高さは 10 m 未満とし，床は地盤面より低くしなければならない。

(5) 容器に収納して貯蔵する危険物の温度が 55℃ を超えないように必要な措置を講ずること。

問題10

製造所等が特定の建築物等の外壁までとの間に保たなければならない保安距離について，次のうち誤っている組み合わせはどれか。

	対象物	距離
(1)	幼稚園	30 m
(2)	使用電圧が8,000 Vの高圧架空電線	3 m
(3)	病院	40 m
(4)	敷地外の一般住宅	10 m
(5)	高圧ガス施設	20 m

問題11

法令上，危険物を取り扱う配管の位置，構造及び設備の技術上の基準について，次のうち正しいものはいくつあるか。

A 配管は，十分な強度を有するものとし，かつ，当該配管に係る最大常用圧力の 5.5 倍以上の圧力で水圧試験を行ったとき，漏えいその他の異常がないものでなければならない。

B 配管を屋外の地上に設置する場合には，当該配管を直射日光から保護するための設備を設けなければならない。

C 配管を地下に設置する場合には，その上部の地盤面を車両等が通行しない位置としなければならない。

D 配管に加熱又は保温のための設備を設ける場合には，火災予防上，安全な構造でなければならない。

E 配管を地上に設置する場合は，点検及び維持管理の作業性並びに配管の腐食防止を考慮して，できるだけ地盤面に接しないように設置するとともに，外面の腐食を防止するための塗装を行うこと。

⑴　1つ　　⑵　2つ　　⑶　3つ　　⑷　4つ　　⑸　5つ

問題12

法令上，次のうち誤っているものはどれか。

⑴ 指定数量未満の危険物の貯蔵又は取扱いの技術上の規準は，市町村条例で定められている。

⑵ 移動タンク貯蔵所には，貯蔵し，又は取り扱う危険物の種類，数量に関係なく，危険物保安監督者を定めておかなければならない。

⑶ 製造所等を譲り受けた者は，遅滞なくその旨を市町村長等に届け出なければならない。

⑷ 製造所等に消防職員が，立ち入り，検査や質問をすることがある。

⑸ 製造所等の所有者等は，危険物保安監督者を定めたとき，又はこれを解任したときは，遅滞なくその旨を市町村長等に届け出なければならない。

問題13

法令上，危険物の運搬に関する技術上の基準で，危険物を積載する場合，運搬容器を積み重ねる高さの制限として定められているものは，次のうちどれか。

⑴　1m以下　　⑵　2m以下　　⑶　3m以下

⑷　4m以下　　⑸　5m以下

問題14

法令上，製造所等に設置する消火設備の区分について，次のうち第5種の消火設備に該当するものはどれか。

(1) スプリンクラー設備
(2) ハロゲン化物消火設備
(3) 屋内消火栓設備
(4) 泡を放射する小型の消火器
(5) 泡を放射する大型の消火器

問題15

法令上，製造所等の所有者等が市町村長等へ届け出なくてもよいものは，次のうちどれか。

(1) 危険物保安統括管理者を定めたとき。
(2) 危険物保安監督者を定めたとき。
(3) 危険物施設保安員を定めたとき。
(4) 製造所等を廃止したとき。
(5) 製造所等の譲渡を受けたとき。

基礎的な物理学及び基礎的な化学

問題16

物質の状態の変化に関する説明として，次のうち誤っているものはどれか。

(1) 液体が気体に変化することを蒸発という。
(2) 液体が固体に変化することを凝縮という。
(3) 液体内部からも液体の蒸発が激しく起こる現象を沸騰という。
(4) 氷が溶けて水になることを融解という。
(5) 固体のナフタリンが，直接気体になることを昇華という。

第 6 回

問題17

引火性の液体をタンクに注入する際，静電気による事故を防止するための措置として，次のうち誤っているものはどれか。

(1) タンクに注入後の検尺作業＊は，すぐにではなく，静置時間を設けて実施する。

(2) タンクに注油するときは，できるだけ注入速度を大きく（速く）する。

(3) 取扱い場所の湿度を高くするとともに，水や空気などの混入を避ける。

(4) 注入管の先端はタンクの底部につける。

(5) 作業時は，導電性のある靴を履く。

（＊検尺：タンクの検尺口から検尺棒をタンクの底に当たるまで入れ，液面の高さをチェックすること。）

問題18

次に示す元素の陽子数，中性子数，電子数の組合せで，正しいのはどれか。

$$^{27}_{13}\text{Al}$$

	陽子数	中性子数	電子数
(1)	13	14	27
(2)	13	27	13
(3)	13	14	13
(4)	14	13	27
(5)	14	27	13

問題19

次のうち，化学変化でないものはどれか。

(1) 木炭が燃えて灰になる。

(2) ドライアイスを放置すると昇華する。

(3) 鉄がさびてぼろぼろになる。

(4) 水が分解して酸素と水素になる。

(5) 紙が濃硫酸にふれると黒くなる。

問題20

粉じん爆発について，次のうち誤っているものはどれか。

(1) 開放空間では粉じん爆発は起こりにくい。

(2) 一般にガス爆発に比較して，発生する熱エネルギーが大きい。

(3) 可燃性固体の粉じん雲中では，静電気は発生しない。

(4) 粉じんの爆発のしやすさや爆発の激しさは，その危険物の物理的，化学的性状が大いに関係する。

(5) 堆積粉が広く存在する場合は，一次の爆発が堆積粉を舞い上げて，二次の爆発がおこり，その過程を繰り返し遠方に伝播することがある。

第6回

問題

問題21

ある物質の反応速度が 10℃ 上昇するごとに 2 倍になるとすれば，10℃から 60℃ になった場合の反応速度の倍数として，次のうち正しいものはどれか。

(1) 10 倍　　(2) 25 倍　　(3) 32 倍

(4) 50 倍　　(5) 100 倍

問題22

燃焼の 3 要素がそろっている組み合わせは，次のうちどれか。

(1) 水素…………酸素…………窒素

(2) 硫黄…………酸素…………火源

(3) 赤りん………二酸化炭素……火源

(4) 一酸化炭素……窒素…………火源

(5) プロパン………空気…………二酸化炭素

第6回

問題23

次の語句のうち，燃焼の難易に直接関係のないものはどれか。

(1) 発熱量　　(2) 空気との接触面積

(3) 熱伝導率　(4) 体膨張率

(5) 含水量

問題24

次の自然発火に関する文の（A）～（E）に当てはまる語句の組み合わせとして，正しいものはどれか。

「自然発火とは，他から火源を与えないでも，物質が空気中で常温(20℃)において自然に（　A　）し，その熱が長時間蓄積されて，ついに（　B　）に達し，燃焼を起こすに至る現象である。自然発火性を有する物質が，自然に（　A　）する原因として（　C　），（　D　），吸着熱，重合熱，発酵熱などが考えられる。多孔質，粉末状または繊維状の物質が自然発火を起こしやすいのは，空気に触れる面積が大で，酸化を受けやすいと同時に，（　E　）が小で，保温効果が働くために，熱の蓄積が行われやすいからである。」

	A	B	C	D	E
(1)	発熱	引火点	分解熱	酸化熱	熱の伝わり方
(2)	酸化	発火点	燃焼熱	生成熱	電気の伝わり方
(3)	発熱	発火点	酸化熱	分解熱	熱の伝わり方
(4)	酸化	引火点	燃焼熱	生成熱	燃焼の速さ
(5)	発熱	発火点	分解熱	酸化熱	電気の伝わり方

問題25

泡消火剤について，次のうち誤っているものはどれか。

(1) 泡の中の気体は，二酸化炭素または空気である。

(2) 窒息効果がある。

(3) 冷却効果がある。

(4) 油類の火災の消火には適していない。

(5) たん白泡，水性膜泡，合成界面活性剤泡等がある。

危険物の性質並びにその火災予防及び消火の方法

問題26

危険物の類ごとに共通する性状について，次のうち誤っているものはどれか。

(1) 第1類の危険物は，すべて可燃性である。

(2) 第2類の危険物は，すべて可燃性である。

(3) 第3類の危険物には，可燃性のものと不燃性のものがある。

(4) 第5類の危険物は，すべて可燃性である。

(5) 第6類の危険物は，すべて不燃性である。

問題27

第4類危険物の一般的な特性について，次のうち正しいものはどれか。

(1) 一般に電気の良導体であるため，静電気が蓄積されやすい。

(2) 水溶性のものは，水で希釈すると引火点が低くなる。

(3) 蒸気比重は空気より小さいので，拡散しやすい。

(4) 一般に熱伝導率が大きいので蓄熱し，自然発火しやすい。

(5) 沸点や引火点が低いものほど，危険性が高い。

問題28

第4類の危険物の性状および貯蔵，取扱いについて，次のうち誤っているものはどれか。

(1) 危険物の容器は密栓して冷所に貯蔵する。

(2) 導電性の悪い液体を取り扱うときは，静電気の発生に注意する。

(3) 危険物が入っていた空容器は，内部に蒸気が残っていることがあるので，火気に注意する。

(4) 危険物の蒸気は一般に空気より軽いので，高所の換気を十分に行う。

(5) 揮発性の大きい危険物の屋外タンク貯蔵所には，液温の過度の上昇を防ぐため，タンク上部に散水装置を設けるとよい。

第6回

問題29

泡消火剤の中には，水溶性液体用の泡消火剤とその他の一般の泡消火剤とがある。次の危険物の火災を泡で消火しようとする場合，一般の泡消火剤では適切でない組合せはどれか。

(1) キシレン，ガソリン
(2) トルエン，灯油
(3) ジェット燃料油，シリンダー油
(4) アセトン，エタノール
(5) ベンゼン，重油

問題30

メタノールの性状について，次のうち誤っているものはどれか。

(1) 引火点は灯油よりも低い。
(2) 芳香のある無色透明の液体である。
(3) 燃焼した際の炎は淡く，認識しにくい。
(4) 燃焼範囲はガソリンより広い。
(5) 毒性はエタノールより低い。

問題31

ガソリンの性状等について，次のうち誤っているものはどれか。

(1) 種々の炭化水素の混合物である。
(2) 引火点は，−40℃ 以下である。
(3) 自動車ガソリンは，オレンジ色系に着色されている。
(4) 燃焼範囲は，おおむね 1〜8 vol%である。
(5) 過酸化水素や硝酸と混合すると，発火の危険性は低くなる。

問題32

灯油の性状について，次のうち誤っているものはどれか。

(1) 引火点はガソリンより高いが，重油よりは低い。
(2) 水よりも重く，水に溶けやすい。

(3) 古くなったものは，淡黄色に変色することがある。

(4) 木綿布にしみ込んだものは，火がつきやすい。

(5) 引火点は 40℃ 以上である。

問題33

潤滑油の性状等について，次のうち適切でないものはどれか。

(1) エンジン油，ギヤー油等に用いられる。

(2) 常温（20℃）では，液体である。

(3) 水とよく混じる。

(4) 常温（20℃）では引火しない。

(5) 引火点が高いので，加熱しない限り引火する危険性はない。

問題34

グリセリンの性状について，次のうち正しいものはどれか。

(1) 無色の液体で，不凍液に用いられている。

(2) 水やエタノールには溶けるが，エーテル，ベンゼンには溶けない。

(3) 芳香を有している。

(4) 比重は，水より小さい。

(5) 引火点は，常温（20℃）より低い。

問題35

引火点の低いものから高いものの順になっているものは，次のうちどれか。

(1) 自動車ガソリン ⇒ 灯油 ⇒ ギヤー油 ⇒ 重油

(2) メタノール ⇒ グリセリン ⇒ 重油 ⇒ トルエン

(3) 自動車ガソリン ⇒ 灯油 ⇒ 重油 ⇒ シリンダー油

(4) エタノール ⇒ アセトアルデヒド ⇒ 軽油 ⇒ クレオソート油

(5) 二硫化炭素 ⇒ キシレン ⇒ アセトン ⇒ ベンゼン

第6回テストの解答

═危険物に関する法令═

問題1　解答 (2)

解説 第2類危険物は, **可燃性固体**であり, また, 黄リンは**第3類危険物で**す。ちなみに, この黄リンと混同しやすいものに第2類危険物の硫黄がありますが, 黄リンは第3類とのみ覚えておけば, 一方の硫黄は第2類と導くことができるかと思います (⇒「おリンさん」より, 黄リンは第3類と覚える)。

問題2　解答 (2)

解説 第2石油類の指定数量は非水溶性が 1,000 ℓ, 水溶性が 2,000 ℓ です。

　従って, 指定数量の倍数は, 非水溶性が,

　　$20,000 ℓ ÷ 1,000 ℓ = 20$ 倍

水溶性が,

　　$20,000 ℓ ÷ 2,000 ℓ = 10$ 倍

となります。

　よって(2)が正解となります。

指定数量の倍数計算は必ず出題されるので数値をよく覚えておくように!

指定数量の倍数

ハ～イ‼

問題3　解答 (2)

解説 製造所等を設置したり, 製造所等の位置, 構造または設備を変更するときには市町村長等の**許可**を受ける必要があります。

　(1)(4)(5)は「遅滞なく届出」, (3)は「認可」が必要です。

なお，許可の申請先は次のようになっています。

① 消防本部及び消防署が置かれている市町村の区域の場合

⇒ **市町村長**に対して申請

② 消防本部及び消防署が置かれていない市町村の区域の場合

⇒ **都道府県知事**に対して申請

問題4 **解答** (1)

解説 使用停止命令を問われた場合は，次の「許可の取り消し，又は使用停止命令」の事由と「使用停止命令」の事由の両者を思い出す必要があります。
（下線部は P 239 の「こうして覚えよう」で使う部分です）

第6回

解答

〔1〕 許可の取り消し，または使用停止命令の事由

① （位置，構造，設備を）許可を受けずに変更したとき。

② （位置，構造，設備に対する）修理，改造，移転などの命令に従わなかったとき。

③ 完成検査済証の交付前に製造所等を使用したとき。または仮使用の承認を受けないで製造所等を使用したとき。

④ 保安検査を受けないとき（政令で定める屋外タンク貯蔵所と移送取扱所に対してのみ）

⑤ 定期点検を実施しない，記録を作成しない，または保存しないとき。

〔2〕 使用停止命令の事由

① 危険物の貯蔵，取扱い基準の遵守命令に違反したとき。

② 危険物保安統括管理者を選任していないとき，またはその者に「保安に関する業務」を統括管理させていないとき。

③ 危険物保安監督者を選任していないとき，またはその者に「保安の監督」をさせていないとき。

④ 危険物保安統括管理者または危険物保安監督者の解任命令に従わなかったとき。

従って，(1)の免状の書替えをしていない場合は，法令違反ではありますが，〔1〕，〔2〕いずれにも当てはまらないので使用停止命令の発令事由にはならず，よって，これが正解です。なお，(2)は，〔2〕の②，(3)は，〔1〕の③，(4)は，〔2〕の③，(5)は，〔1〕の⑤に，それぞれ該当し，正しい。

問題5 **解答** (2)

解説 保安検査を受けなければならない製造所等は，**移送取扱所**と（規模の大きい）**屋外タンク貯蔵所**の２つなので，(2)が正解です。

問題6 **解答** (3)

解説 「占有者および製造所等に出入りする業者」ではなく，「占有者およびその**作業者（従業員）**」です。つまり，出入り業者には予防規程の遵守義務はない，ということです。（P239 の予防規程に定める事項は要注意！）

問題7 **解答** (1) （Aのみ誤り）

解説 A　完成検査前検査は，工事の工程が完了してからではなく，工事の前に申請する必要があるので，誤りです。

B　完成検査前検査には，「**水張検査（水圧検査）**」の他に，「**基礎，地盤検査**」と「**溶接部検査**」の３種類がありますが，容量が 1000 kℓ 未満のタンクの場合は，水張検査（水圧検査）のみ実施すればよいことになっているので，正しい。

C　完成検査前検査は，**液体**の危険物を貯蔵し，又は取り扱うタンクが対象なので，正しい。D，Eも正しい。従って，Aのみが誤りです。

問題8 **解答** (4)

解説 (1)　丙種危険物取扱者は，危険物保安監督者にはなれません。

(2)　危険物保安監督者に，このような業務は課されていません。

(3)　給油取扱所には必ず危険物保安監督者を選任する必要がありますが，移動タンク貯蔵所には，選任する必要はありません。

(2)

(5)　危険物施設保安員や危険物保安統括管理者には，特に資格は必要ないの

で，危険物取扱者である必要もありません。

問題9 **解答** (4)

解説 屋内貯蔵所の地盤面から軒までの高さは**6m未満**とし，また，床は地盤面より**高く**する必要があります。

問題10 **解答** (3)

解説 危険物施設（の**外壁**）から保安距離を保たなければならない建築物等，およびその距離は次のようになっています。

- ・特別高圧架空電線（7,000〜35,000ボルト以下）…………3m以上
- ・特別高圧架空電線（35,000ボルトを超えるもの）…………5m以上
- ・住居（製造所等の敷地内にあるものを除く）……………10m以上
- ・高圧ガス等の施設 ……………………………………………20m以上
- ・多数の人を収容する施設（学校，病院など）……………30m以上
- ・重要文化財等 …………………………………………………50m以上

従って，(1)の幼稚園と(3)の病院は「多数の人を収容する施設」となるので，**30m以上必要**で，よって，(3)の病院の**40m**が誤りとなります。

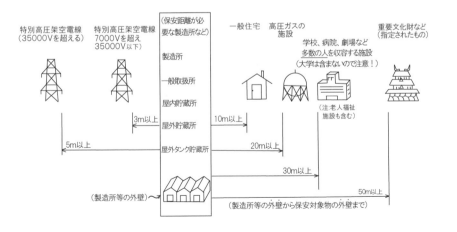

第6回

問題11 **解答** (2) （DとEが正しい）

解説 A 水圧試験は，当該配管に係る最大常用圧力の**1.5倍以上**の圧力で行います。

B このような規定はなく，「地震，風圧，地盤沈下，温度変化による伸縮等に対し，安全な構造の支持物により支持しなければならない。」となっています。

C 配管を地下に設置する場合は，「**その上部の地盤面にかかる重量が配管にかからないように保護する**」となっています。

D，E 正しい。

問題12 **解答** (2)

解説 （指定数量に関係なく）危険物保安監督者を選任する必要がある事業所は，「製造所，屋外タンク貯蔵所，給油取扱所，移送取扱所」ですが，逆に，危険物保安監督者を選任する必要がないのは**移動タンク貯蔵所**なので，誤りです。

問題13 **解答** (3)

解説

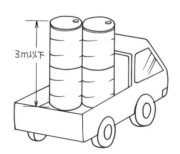

3m以下

問題14 **解答** (4)

解説 第5種の消火設備は，**小型消火器**や水バケツ，水槽，乾燥砂などをいいます。従って，(4)が正解となります。

小型消火器　　　乾燥砂　　　　水バケツ　　　　水槽

第5種消火設備

解答

問題15 **解答** (3)

解説 危険物施設保安員を定めたとき（選任したとき）は，解任したときとともに届け出は不要です。
　その他は，すべて事後に（「あらかじめ」ではないので注意）市町村長等へ**遅滞なく**届け出る必要があります。

＝＝＝基礎的な物理学及び基礎的な化学＝＝＝

問題16 **解答** (2)

解説 液体が固体に変化するのは**凝固**です。なお，逆に固体から液体に変化するのは**融解**になり，また，凝縮は，温度一定で気体を圧縮すると液化する現象をいいます。

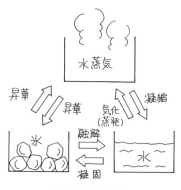

物質の状態変化

第6回

問題17 **解答** (2)

解説 流速を速くすると，逆に静電気が発生しやすくなるので誤りです。

問題18 **解答** (3)

解説 まず，元素記号の左上にある数字が**質量数**，①左下にあるのが**原子番号**であり，かつ，**陽子数**（＝**電子数**）になります。

　また，②**質量数＝陽子数＋中性子数**になります（この式は覚えておこう！）。

　従って，アルミニウムの陽子数，電子数は①より 13，質量数は，②より，質量数＝陽子数＋中性子数なので，27＝13＋中性子数

　よって，中性子数＝27－13＝14　となります。

問題19 **解答** (2)

解説 化学変化は，性質そのものが変化して<u>別の物質</u>になる変化をいいます。

　従って，昇華は，**固体**が**気体**に単に<u>状態が変化するだけ</u>なので，化学変化ではありません。なお，(5)は，紙が濃硫酸にふれて酸化することによって黒くなるので，酸化＝化学変化，となります。

ドライアイス

問題20 **解答** (3)

解説 粉じん雲は，可燃性の粒子が微粉の状態で空気中を一定濃度で浮遊しているもので，当然，粒子どうしの接触などにより静電気が発生することがあります。

問題21 **解答** (3)

解説 「10℃ 上昇するごとに 2 倍になる」のであるから，10℃⇒20℃ で 2 倍，20℃⇒30℃ で，さらに 2 倍になるので，2×2＝4 倍。以降も同様に計算

すると, 30℃⇒40℃ で 4×2=**8倍**, 40℃⇒50℃ で 8×2=**16倍**, 50℃⇒60℃ で 16×2=**32倍**ということになります。

　もっと簡単に計算するには, 10℃⇒20℃⇒30℃⇒40℃⇒50℃⇒60℃ と, ×2（⇒部分）が 5 回あるので, $2×2×2×2×2=2^5=32$ という具合に計算することができます。

問題22　**解答**　(2)

解説　燃焼の 3 要素とは, 物質を燃焼させる際に必要となる要素のことで,「可燃物（燃えるもの）」,「酸素供給源（空気や酸化剤など）」,「火源（マッチの火や静電気による火花など）」の 3 つをいいます。

　可燃物を可, 酸素供給源を酸, 点火源を点として, 順に確認していくと,
(1)　水素＝可, 酸素＝酸ですが, 窒素は点ではないので誤り。
(2)　硫黄＝可, 酸素＝酸, 火源＝点と, 燃焼の 3 要素がすべて揃っているので, これが正解です。
(3)　赤りん（第 2 類の危険物）＝可, 火源＝点ですが, 二酸化炭素は酸ではないので, 誤りです。
(4)　一酸化炭素＝可, 火源＝点ですが, 窒素は酸ではないので, 誤りです。
(5)　プロパン＝可, 空気＝酸ですが, 二酸化炭素＝点ではないので, 誤りです。

問題23　**解答**　(4)

解説　体膨張率は, 燃焼の難易とは直接関係ありません。

問題24　**解答**　(3)

解説　自然発火とは, 他から火源を与えなくても, 物質が空気中で常温（20℃）において自然に**発熱**し, その熱が長時間蓄積されて, ついに**発火点**に達し, 燃焼を起こすに至る現象をいいます。

第 6 回

解答

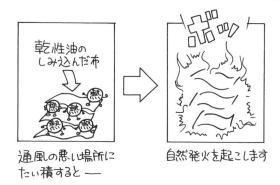

乾性油の
しみ込んだ布

通風の悪い場所に
たい積すると ——

自然発火を起こします

問題25 解答 (4)

解説 泡消火剤の主な消火効果は，泡が炎を覆うことによる**窒息効果**なので，油類の火災の消火には適しており，よって，(4)が誤りです。

なお，泡消火剤は水系の消火器なので，(3)のように**冷却効果**もあります。

危険物の性質並びにその火災予防及び消火の方法

問題26 解答 (1)

解説 第1類の危険物はすべて**不燃性**です。

 こうして覚えよう！

燃えないイチ　ロー（不燃性は1類と6類）
　不燃性　　1類　　6類

問題27 解答 (5)

解説 沸点が低いということは，より低い温度で沸騰するということであり，したがって可燃性蒸気もそれだけ低い温度で発生するということになるので，危険性もその分高くなります。

(1) 「電気の**不良導体**であるため，静電気が蓄積されやすい」が正解です。

(2) 水で薄める（希釈する）と可燃性蒸気が発生しにくくなるので，引火点は**高く**なります（水で薄める⇒引火点が高くなる⇒引火しにくくなる⇒危険性は低くなる）。

(3) 蒸気比重は空気より**大きい**（**重い**）ので，**低所**に滞留しやすくなります。

(4) （動植物油を除き）一般に自然発火することはありません。

問題28　解答　(4)

解説　第4類危険物の蒸気は空気より**重い**ので高所に排出し，また，**低所**の換気を十分に行う必要があります。

第6回

解答

蒸気は高所に排出します

問題29　解答　(4)

解説　水に溶ける危険物（水溶性危険物）に一般の泡消火剤を使用すると，泡がつぶれて窒息効果が得られないため，水溶性液体用の泡消火剤を使用します。

　水溶性危険物には，**アセトン**，アセトアルデヒド，アルコール類（**エタノール**，メタノールなど），酸化プロピレン，酢酸，グリセリン，ピリジン……などがあります（P 234 の(2)参照）。

問題30 **解答** ⑸

解説 毒性はメタノールのみにあり，エタノールにはありません。なお，⑴の引火点は，メタノールが11℃，灯油が40℃以上なので正しい。⑷の燃焼範囲は，メタノールが6.0〜36.0 vol%，ガソリンが1.4〜7.6 vol%なので，正しい。

⑶　アルコールの炎は認識しにくい

問題31 **解答** ⑸

解説 過酸化水素や硝酸は，第6類危険物の**酸化剤（酸化性液体）**なので，ガソリンなどの有機物と混合すると，発火の危険性があります（⑵と⑷は次のゴロ合わせ参照）。

 こうして覚えよう！ ＜ガソリンの引火点と燃焼範囲＞

ガソリンさんは　　始終
　　　　　30(0)　　　(-)40
　　　（発火点）　　（引火点）

石になろうとしていた。
1.4〜7.6
（燃焼範囲）

問題32 **解答** (2)

解説 灯油の比重は 1 より小さいので (0.80) 水より**軽く**，また，灯油は非水溶性（水に溶けないもの）なので**水に溶けず**，よって，誤りです。

(1) 灯油の引火点は **40℃ 以上**であり，ガソリンの引火点（−40℃ 以下）より**高く**，重油の引火点（60℃〜150℃）よりは**低い**ので，正しい。

(4) 木綿布にしみ込んだものは，表面積が増えるので火がつきやすく，正しい。

問題33 **解答** (3)

解説 潤滑油とは，タービン油やシリンダー油などのことで，第4石油類に属しています。この第4石油類は，一般的に水には**溶けない**（混じらない）ので，(3)が誤りです。

解答

問題34 **解答** (2)

解説 (1) 不凍液に用いられているのは，同じ第3石油類の**エチレングリコール**です（無色は正しい）。

(3) グリセリンは無色，**無臭**の液体です。

(4) グリセリンの比重は**1.30**で，水より**大きい**ので，誤りです。

(5) 引火点は，**177℃** なので，「常温（20℃）より**高い**」が正解です。

問題35 **解答** (3)

解説 これまでにも度々出てきましたが，引火点の高低を考える場合は，おおむね，特殊引火物 ⇒ 第1石油類 ⇒ アルコール類 ⇒ 第2石油類 ⇒ 第3石油類 ⇒ 第4石油類という順に並んでいるものが正解です。

今回は，特殊引火物を(特)，第1石油類を(1石)，アルコール類を(アル)，第2石油類を(2石)，第3石油類を(3石)，第4石油類を(4石)，として表示して解説すると，次のようになります。

(1) 自動車ガソリン(1石) ⇒ 灯油(2石) ⇒ ギヤー油(4石) ⇒ 重油(3石)

(2) メタノール（アル）⇒ グリセリン（3石）⇒ 重油（3石）⇒ トルエン（1石）

(3) 自動車ガソリン（1石）⇒ 灯油（2石）⇒ 重油（3石）⇒ シリンダー油（4石）

(4) エタノール（アル）⇒ アセトアルデヒド（特）⇒ 軽油（2石）⇒ クレオソート油（3石）

(5) 二硫化炭素（特）⇒ キシレン（2石）⇒ アセトン（1石）⇒ ベンゼン（1石）

　以上から，(1)は，ギヤー油（4石）と重油（3石）が逆，(2)は，トルエンが一番低く，また，グリセリン（3石）と重油（3石）が逆（重油の方が引火点が低い），(3)は，(1石)⇒(2石)⇒(3石)⇒(4石)となっているので，これが正解となります。

　なお，(4)は，エタノール（アル）とアセトアルデヒド（特）が逆，(5)は，キシレン（2石）の位置が誤りです（一番右端です）。

第4類危険物の品名の引火点の低い順は次のゴロあわせで覚えておこう！
＜品名の順番（⇒引火点の低い順）＞
遠い　　あ　　に
特殊　1石油　アルコール　2石油
さん　よ　どこ？
3石油　4石油　動植物

＜補足情報＞‥‥‥‥‥**粉じん爆発**について（たまに出題されています）

　粉じん爆発とは，鉄粉，硫黄などの可燃性固体や小麦粉などの微粉が空気中に浮遊しているとき，何らかの火源により爆発する現象で，次のような特徴があります。

① 有機物が粉じん爆発を起こした場合，**不完全燃焼**を起こしやすく，<u>一酸化炭素</u>が発生しやすい。

② 粉じん粒子が小さいほど爆発しやすく，大きいほど爆発しにくい。

③ 粉じんと空気が適度に混合しているときに（⇒燃焼範囲内）粉じん爆発が起こる。

④ 閉鎖空間ほど起こりやすい。

⑤ 最小着火エネルギーはガス爆発よりも大きいので，ガスより着火しにくい。

第7回

乙種第4類危険物取扱者

模 擬 テ ス ト

第7回

═══危 険 物 に 関 す る 法 令═══

問題1

次のうち，消防法別表第1に危険物の品名として掲げられているもの
はいくつあるか。

「硫化リン，プロパン，ナトリウム，カリウム，硫黄，塩酸，赤リン」

(1) 1つ　　　　(2) 2つ　　　　(3) 3つ

(4) 4つ　　　　(5) 5つ

問題2

ある貯蔵所に，特殊引火物を100ℓ，非水溶性の第1石油類を$1,000\ell$，
nプロピルアルコールを800ℓ，非水溶性の第2石油類を$1,000\ell$，水溶
性の第3石油類を$10,000\ell$，ギヤー油を$6,000\ell$貯蔵している。その総
量は指定数量の何倍になるか。

(1) 5.5倍　　(2) 7倍　　(3) 9倍　　(4) 12.5倍　　(5) 13.5倍

問題3

製造所等を設置する場合の手続きの流れとして，次のうち正しいもの
はどれか。

(1) 設置届申請⇒承認⇒工事開始⇒工事完成⇒完成検査申請⇒完成検査⇒完
成検査済証交付⇒使用開始

(2) 工事着工申請⇒工事開始⇒工事完成⇒完成検査申請⇒完成検査⇒完成検
査済証交付⇒使用開始

(3) 工事着工申請⇒市町村長等の許可を受ける⇒工事開始⇒工事完成⇒完成
検査申請⇒完成検査⇒完成検査済証交付⇒使用開始

(4) 設置許可申請⇒市町村長等の許可を受ける⇒工事開始⇒工事完成⇒完成
検査申請⇒完成検査⇒完成検査済証交付⇒使用開始

(5) 設置許可申請⇒市町村長等の許可を受ける⇒工事開始⇒工事完成⇒完成
検査申請⇒完成検査⇒使用開始⇒完成検査済証交付

問題 4

法令上，製造所等の所有者等に対し，市町村長等が許可の取り消しを命ずることができる事由に該当するものは，次のうちいくつあるか。

 A 製造所等の設置許可は受けているが，完成検査を受けないで危険物を貯蔵し，又は取り扱っている場合

 B 危険物保安監督者の解任命令に違反した場合

 C 予防規程の変更命令に違反した場合

 D 予防規程を定めなければならない製造所等において，それを定めなかった場合

 E 製造所等を譲渡した場合において，市町村長等にその届出を怠った場合

(1) 1つ (2) 2つ (3) 3つ (4) 4つ (5) 5つ

第7回

問題

問題 5

法令上，製造所等の定期点検について，次のうち誤っているものはどれか。ただし，規則で定める漏れに関する点検は除く。

(1) 原則として1年に1回以上行わなければならない。

(2) この点検を実施した場合は，その結果を市町村長等に報告する義務はない。

(3) 危険物施設保安員は，危険物取扱者以外の者が定期点検を行う際の立ち会い権限は認められていない。

(4) 危険物取扱者の立会いを受けた場合は，危険物取扱者以外の者でもこの点検を行うことができる。

(5) 丙種危険物取扱者や危険物施設保安員は，定期点検を行うことはできない。

問題 6

法令上，危険物取扱者について，次のうち誤っているものはどれか。

(1) 甲種危険物取扱者は，製造所等において，すべての危険物を取り扱うことができる。

(2) 乙種危険物取扱者は，製造所等において，免状に指定された類の危険物をすべて取り扱うことができる。

⑶ 丙種危険物取扱者は，製造所等において，第4類の危険物をすべて取り扱うことができる。

⑷ 甲種危険物取扱者又は乙種危険物取扱者で，製造所等において6か月以上の危険物取扱いの実務経験を有する者は，危険物保安監督者に選任される資格がある。

⑸ 危険物取扱者だからといって，必ずしも危険物取扱者以外の者による危険物取扱作業に立会いができるわけではない。

問題7

法令上，免状の書換え又は再交付の申請について，次のうち正しいものはどれか。

⑴ 免状の書換えは，その免状の交付を受けた都道府県知事に申請しなければならない。

⑵ 免状の再交付は，居住地又は勤務地を管轄する消防長又は消防署長に申請しなければならない。

⑶ 免状の写真は，交付を受けた日から5年ごとに書換えの申請をしなければならない。

⑷ 本籍の変更はないが，居住地が変更した場合は，新たな居住地を管轄する都道府県知事に免状の書換えを申請をしなければならない。

⑸ 免状の書換えは，免状を交付した都道府県知事又は居住地若しくは勤務地を管轄する都道府県知事に申請しなければならない。

問題8

法令上，危険物保安監督者に関する説明として，正しいものの組み合わせは次のうちどれか。

A 危険物保安監督者は，火災等の災害が発生した場合は，作業者を指揮して応急の措置を講じるとともに，直ちに消防機関等に連絡しなければならない。

B 給油取扱所の所有者等は，危険物保安監督者を選任しなければならない。

C 危険物取扱者であれば，免状の種類に関係なく危険物保安監督者に選

　　任される資格を有している。

　　D　危険物保安監督者は，危険物施設保安員を定めている製造所等にあっ
　　　ては，危険物施設保安員の指示に従って保安の監督をしなければならな
　　　い。

　(1)　A，B　　　(2)　A，D　　　(3)　B，C

　(4)　C，D　　　(5)　B，D

問題9

　　**法令上，危険物取扱者の保安に関する講習について，次のうち正しい
ものはどれか。**

　(1)　危険物取扱者であれば，すべて3年に1回受講しなければならない。

　(2)　現に危険物の取扱作業に従事していない危険物取扱者は，この講習の受
　　　講義務はない。

　(3)　危険物保安監督者に選任されている危険物取扱者のみが，この講習を受
　　　けなければならない。

　(4)　危険物施設保安員は，必ずこの講習を受けなければならない。

　(5)　危険物の取扱作業に現に従事している者のうち，法令に違反した者のみ
　　　が，この講習を受けなければならない。

問題10

　　**危険物を貯蔵し，又は取り扱う建築物その他の工作物等の周囲に，一
定の幅の空地を保有しなければならない製造所等について，次のうち誤
っているものはどれか。**

　(1)　屋外タンク貯蔵所は空地を保有しなければならない。

　(2)　地下タンク貯蔵所は空地を必要としない。

　(3)　屋内タンク貯蔵所は空地を必要としない。

　(4)　屋外に設置する簡易タンク貯蔵所は空地を保有しなければならない。

　(5)　販売取扱所は空地を保有しなければならない。

問題11

屋外タンク貯蔵所の防油堤について，次のうち正しいものはどれか。

(1) 防油堤内にタンクが2以上ある場合は，それらを合算した容量の110%以上とすること。

(2) 同一の防油堤内に，1号タンクに灯油40kℓ，2号タンクに軽油10kℓ，3号タンクに重油50kℓの3基の貯蔵タンクを設ける場合，この防油堤の必要最小限の容量は，60kℓである。

(3) 防油堤の高さは特に制限がない。

(4) 内部の滞水を外部に排水するための水抜口を設けるとともに，これを開閉するための弁を外部に設けること。

(5) 防油堤内に設置するタンクの数は3以下とすること。

問題12

危険物を廃棄する際の基準について，次のうち正しいものはどれか。

(1) 少量ずつなら，危険物を水中に廃棄してもかまわない。

(2) 建築物が隣接している場所で焼却して廃棄する場合は，危険物取扱者の資格を持ったものが監視すること。

(3) 危険物を埋没して廃棄することは禁じられている。

(4) 焼却して廃棄する場合は，安全な場所で他に危害を及ぼさない方法で行うとともに，見張人をつけること。

(5) 引火点の低い危険物の場合，焼却して廃棄することは危険性を伴うので，市町村条例で禁止されている。

問題13

危険物を車両で運搬する場合，混載しても差し支えのない組み合わせは，次のうちどれか。

ただし，各危険物は指定数量の10分の1を超える数量とする。

(1) 第1類と第4類

(2) 第2類と第3類

(3) 第3類と第5類

(4) 第4類と第2類

(5) 第5類と第6類

問題14

　法令上，危険物とその火災に適応する第5種の消火設備との組合せで，次のうち誤っているものはどれか。

　(1)　水消火器（霧状）………………………第4類，第5類，第6類の危険物

　(2)　強化液消火器（霧状）……………第4類，第5類，第6類の危険物

　(3)　泡消火器……………………………第4類，第5類，第6類の危険物

　(4)　二酸化炭素消火器………………………第4類の危険物

　(5)　粉末消火器（炭酸水素塩類等）…第4類の危険物

問題15

　法令上，次の文の（　）内のA～Eに当てはまる語句の組合せとして，正しいものはどれか。

「製造所等（移送取扱所を除く。）を設置する場合，消防本部及び消防署を設置している市町村の区域にあっては（　A　），その他の区域にあっては当該区域を管轄する（　B　）の許可を受けなければならない。なお，工事完了後は（　C　）検査を受けなければならないが，液体の危険物を貯蔵し，または取り扱うタンクを設置する場合は，Cの検査を受ける前に（　D　）検査を受けなければならない。」

	A	B	C	D
(1)	市町村長	都道府県知事	機能	保安
(2)	消防署長	市町村長	完成	機能
(3)	市町村長	都道府県知事	完成	機能
(4)	消防長	都道府県知事	保安	完成検査前
(5)	市町村長	都道府県知事	完成	完成検査前

第7回

═══基礎的な物理学及び基礎的な化学═══

問題16

熱に関する次の記述について，誤っているものはどれか。

(1) 物質1gの温度を1K（ケルビン）だけ高めるのに必要な熱量を比熱といい，単位は〔J/g・K〕である。

(2) 熱容量が大きな物質は，温まりやすく冷めやすい。

(3) 理想気体の体積は，圧力一定で温度が1℃上昇すると，0℃のときより約273分の1膨張する。

(4) 固体と液体とでは液体の方が熱伝導率が小さい。

(5) 一般に熱伝導率の大きな物質ほど燃焼しにくい。

問題17

静電気について，次のうち誤っているものはどれか。

(1) 静電気は一般に電気の不導体の摩擦等により発生する。

(2) 静電気の発生を少なくするには，液体等の流動，かくはん速度などを遅くする。

(3) 静電気は，接触状態にあるものを急激に剥がすほど発生しやすい。

(4) 静電気の電荷の間に働く力はクーロン力である。

(5) 静電気の蓄積防止策として，タンク類などを電気的に絶縁する方法がある。

問題18

1molのエタノールを完全燃焼させるのに必要な理論上の酸素量は，次のうちどれか。ただし，エタノールが完全燃焼したときの反応式は，次の式で表され，原子量は，炭素（C）12，水素（H）1，酸素（O）16とする。

$$CH_3CH_2OH + 3O_2 \rightarrow 2CO_2 + 3H_2O$$

(1) 24g (2) 32g (3) 48g

(4) 64g (5) 96g

問題19

次の熱化学方程式は，炭素が燃焼する過程を表したものである。これについて，次のうち誤っているものはどれか。

$$C + \frac{1}{2}O_2 = CO + 110.6\,kJ \quad \cdots\cdots(a)$$

$$C + \ \ O_2 = CO_2 + 394.3\,kJ \quad \cdots\cdots(b)$$

ただし，炭素の原子量は 12，酸素の原子量は 16 とする。

(1) (a)式は炭素が不完全燃焼して一酸化炭素を生じたときの式である。

(2) 炭素 1 モルと酸素 1 モルが反応すると二酸化炭素 1 モルが生成する。

(3) 炭素 12 g を完全燃焼させるには酸素 16 g が必要である。

(4) (b)式は，炭素 1 モルの酸化反応によって，394.3 kJ の発熱反応があることを表している。

(5) (b)式の CO_2 は二酸化炭素を表し，炭素原子 1 つと酸素原子 2 つからなっている。

問題20

燃焼に関する説明として，次のうち誤っているものはどれか。

(1) 燃焼は，急激な発熱，発光等を伴う酸化反応である。

(2) 可燃物は，どんな場合でも空気がなければ燃焼しない。

(3) 金属の衝撃火花や静電気の放電火花は，点火源となることがある。

(4) 酸化反応のすべてが燃焼に該当するというわけではない。

(5) 炎を発生しなくても燃焼となる場合がある。

問題21

引火点の説明として，次のうち正しいものはどれか。

(1) 可燃性液体が空気中で燃焼させるのに必要な熱源の温度をいう。

(2) 可燃物から，その蒸気を発生させるのに必要な最低の気温をいう。

(3) 可燃物を空気中で加熱したとき，他から点火されなくても燃え出すときの液温をいう。

(4) 可燃性液体が空気中で点火したとき，燃え出すのに必要な最低の濃度の

蒸気を液面上に発生する液温をいう。

(5) 発火点と同じもので，その可燃物が気体または液体の場合に引火点といい，固体の場合には発火点という。

問題22

気体に関する次の記述について，正しいものはいくつあるか。

  A 空気の成分の割合はほぼ一定であり，その約78体積パーセントは窒素で，約21体積パーセントは酸素で占められている。

  B 水素は，特有の臭いを発する青白色の気体である。

  C 酸素は無色，無臭で，燃えやすい気体である。

  D 酸素とオゾンは同素体なので，その性状はほとんど同じである。

  E 窒素は水によく溶け，消火の際に有効な作用をする。

(1) 1つ   (2) 2つ   (3) 3つ   (4) 4つ   (5) 5つ

問題23

次の性状を有する液体について，誤っているものはどれか。

  「ある液体Aの沸点は300℃，引火点は70℃，燃焼範囲は1.1～6.0 vol%，発火点は350℃，蒸気比重は4.5である。」

(1) Aを300℃に加熱すると沸騰する。

(2) 液温80℃のAに炎を近づけると引火する。

(3) 350℃以上に熱せられた鉄板上にAをたらすと発火する危険がある。

(4) 空気中におけるAの蒸気濃度が3.0 vol%であるときは，炎を近づけても燃焼しない。

(5) Aの蒸気は空気の4.5倍の重さがある。

問題24

窒息消火に関する説明として，次のうち誤っているものはどれか。

(1) 二酸化炭素を放射して，燃焼物の周囲の酸素濃度を約14.5～15 vol%以下にすると窒息消火する。

(2) 内部（自己）燃焼性のある物質に対しては，窒息効果はない。

(3) 燃焼物に注水した場合に発生する水蒸気は，窒息効果もある。

(4) 一般に不燃性ガスによる窒息消火は，そのガスが空気より重い方が効果的である。

(5) 水溶性液体が燃焼している場合に注水して消火することがあるが，この主たる消火効果は窒息である。

問題25

消火剤とその主な消火効果の組み合わせにおいて，次のうち正しいものはどれか。

(1) ガソリンの火災に，二酸化炭素消火剤で消火した。
　　　　　　　　　　　　　　　　　　……………除去効果

(2) 容器内の軽油が燃えだしたので，ふたをして消火した。
　　　　　　　　　　　　　　　　　　……………冷却効果

(3) 油の染み込んだ布が燃えていたので，乾燥砂を用いて消火した。
　　　　　　　　　　　　　　　　　　……………抑制（負触媒）効果

(4) 灯油の入ったポリタンクが燃えていたので，強化液消火剤を用いて消火した。　　　　　　　　　　……………窒息効果

(5) 天ぷら鍋の油に火が点いたので，粉末消火剤で消火した。
　　　　　　　　　　　　　　　　　　……………窒息効果と抑制効果

＝＝危険物の性質並びにその火災予防及び消火の方法＝＝

問題26

危険物の類ごとに共通する性状について，次のうち誤っているものはどれか。

(1) 第1類の危険物は，すべて固体である。

(2) 第2類の危険物は，すべて固体である。

(3) 第3類の危険物は，すべて液体または固体である。

(4) 第5類の危険物は，すべて液体である。

(5) 第6類の危険物は，すべて液体である。

第7回

問題27

第4類の危険物の性状について，次のうち誤っているものはどれか。

(1) すべて可燃性であり，水に溶けないものが多い。

(2) 常温（20℃）で，ほとんどのものが液状である。

(3) 常温又は加熱することにより，可燃性蒸気を発生し，火気等による引火の危険性がある。

(4) 水より軽いものが多く，流動性があり火災が拡大しやすい。

(5) 摩擦や衝撃等により，発火や爆発の危険性がある。

問題28

油類の貯蔵，取扱いの注意事項として，次のうち正しいものはどれか。

(1) タンクに注油するときは，できるだけ注入速度を速くする。

(2) 移動タンク貯蔵所に注油するときは，移動タンク貯蔵所を電気的絶縁状態にする。

(3) 日光の直射する場所に貯蔵する。

(4) 容器に詰める場合は，必ず空気を残して詰める。

(5) 静電気の発生を防止するため湿度を低くする。

問題29

危険物とその火災に適応する消火器との組み合わせとして，次のうち適切でないものはどれか。

(1) 灯油……………………泡を放射する消火器

(2) エタノール………棒状の強化液を放射する消火器

(3) 重油……………………二酸化炭素を放射する消火器

(4) ガソリン…………霧状の強化液を放射する消火器

(5) シリンダー油……消火粉末（りん酸塩類等）を放射する消火器

問題30

自動車ガソリンの一般的性状について，次のうち正しいものはどれか。

(1) 蒸気の比重（空気＝1）は，5以上である。

(2) 引火点，発火点とも灯油より低い。

(3) 液体の比重は1以上で，淡青色に着色されている。

(4) 各種炭化水素の混合物である。

(5) 自然発火しやすい。

問題31

アクリル酸の性状について，次のうち誤っているものはどれか。

(1) 無色透明の液体で，酸化性物質と混触すると，発火・爆発のおそれがある。

(2) 重合しやすく，重合熱が大きいので発火，爆発のおそれがある。

(3) 熱，光，過酸化物，鉄さびなどで重合が加速するので，重合防止剤を加えて保管する。

(4) 素手で触れると火傷を起こす危険性があり，また，蒸気は刺激臭があり，吸入すると粘膜が炎症を起こす危険性がある。

(5) 融点が14℃なので，凍結して保管する。

問題32

クレオソート油について，次のうち誤っているものはどれか。

(1) 黄色又は暗褐色で，粘性の液体である。

(2) 特有の臭気がある。

(3) 水より軽い。

(4) アルコール，ベンゼンなどには溶けるが，水には溶けない。

(5) 蒸気は有毒である。

問題33

次の自然発火についての記述のうち，誤っているものはどれか。

(1) 不飽和脂肪酸が多いほど自然発火しやすい。

(2) 室内の換気をよくすると自然発火しにくい。

(3) ヨウ素価の大きさと自然発火は関係がない。

(4) 自然発火は酸化熱が蓄積して起こる。

⑸ 乾性油をぼろ布にしみ込ませて放置すると，自然発火を起こす危険性がある。

問題34

次のうち，液温が常温（20℃）で引火の危険性があるものの組み合わせはどれか。

⑴ 二硫化炭素，アセトン，クレオソート油
⑵ ジエチルエーテル，トルエン，メタノール
⑶ ベンゼン，酸化プロピレン，氷さく酸
⑷ ガソリン，灯油，エタノール
⑸ アセトアルデヒド，アセトン，キシレン

問題35

ベンゼンとトルエンについて次のうち誤っているものはどれか。

⑴ 引火点はベンゼンの方が低い。
⑵ ともに芳香族の炭化水素に属している。
⑶ ともに蒸気は有毒であるが，毒性はトルエンの方が強い。
⑷ ともに水には溶けないが，アルコールなどの有機溶媒にはよく溶ける。
⑸ ともに芳香臭のある無色透明の液体である。

第7回テストの解答

危険物に関する法令

問題 1　**解答**　⑸　（プロパン，塩酸のみ掲げられていない）

解説　硫化リンは第2類危険物，プロパンは気体であり，非危険物，**ナトリウム**は第2類危険物，**カリウム**は第3類危険物，**硫黄**は第2類危険物，塩酸は塩化水素の水溶液であり，非危険物，**赤リン**は第2類危険物になります。
　　従って，消防法別表第1に危険物の品名として掲げられているものは，太字の物質の5つになります。

第7回

解答

問題 2　**解答**　⑸

解説　指定数量の倍数計算は，貯蔵量を指定数量で割ればよく，その総量はそれを合計すればよいだけです。まず，各指定数量は，特殊引火物が $50\,\ell$，非水溶性の第1石油類（ガソリンなど）が $200\,\ell$，アルコールが $400\,\ell$，非水溶性の第2石油類（灯油など）が $1,000\,\ell$，水溶性の第3石油類（グリセリンなど）が $4,000\,\ell$，ギヤー油（第4石油類）が $6,000\,\ell$，となっています。計算すると，

$$倍数の合計 = \frac{貯蔵量}{指定数量}の合計$$

$$= \frac{100}{50} + \frac{1,000}{200} + \frac{800}{400} + \frac{1,000}{1,000} + \frac{10,000}{4,000} + \frac{6,000}{6,000}$$

$$= 2 + 5 + 2 + 1 + 2.5 + 1 = 13.5 \quad となります。$$

第7回

問題3 **解答** (4)

解説 製造所等を設置する場合は許可の申請が必要なので，(1)(2)(3)は誤りです。また，完成検査を受けたらすぐに使用開始ではなく，完成検査済証の交付を受けてから使用開始となるので，よって，(5)が誤りで，(4)が正解となります。

工事開始前には「許可」が必要です

<補足>
移送取扱所の許可権者について
2以上の**市町村**にわたって設置される場合は，その区域を管轄する**都道府県知事**が許可権者ですが，2以上の**都道府県**にわたって設置される場合は，**総務大臣**が許可権者となるので，注意してください（⇒出題例あり）。

問題4 **解答** (1) （Aのみ）

解説 A「完成検査済証の交付前に製造所等を使用したとき」に該当するので，**許可の取り消し**事由です。

B 危険物保安監督者の解任命令に違反した場合は，**使用停止命令**の対象です。

C 予防規程の変更命令に違反した場合は，罰金等の対象事由であり，許可の取り消しや使用停止命令の対象ではありません。

D Cに同じく，罰金等の対象事由であり，許可の取り消しや使用停止命令の対象ではありません。

E 許可の取り消しや使用停止命令の対象ではありません（罰金等の対象）。
従って，許可の取り消し事由に該当するものは，Aの1つのみになります。

問題5 **解答** (5)

解説 定期点検を行うことができるのは，**危険物取扱者**（甲種，乙種，丙種とも）と**危険物施設保安員**，および**危険物取扱者の立会いを受けた者**（無資

格者) なので, 丙種危険物取扱者や危険物施設保安員も定期点検を行うことができます。

問題6　解答　(3)

解説 丙種が取扱える危険物は,「ガソリン・灯油と軽油・第3石油類 (重油, 潤滑油と引火点が130℃ 以上のもの)・第4石油類・動植物油類」であり, 第4類危険物の一部なので, 誤りです。

こうして覚えよう！　＜丙種が取扱える危険物＞

塀　　が　　重いよ～。
丙種　ガソリン　重油　4石油

動　　け！　と　ジュンが
動植物　軽油　灯油　潤滑油

言った。
(注：第3石油類の引火点が 130℃ 以上のものはゴロに入っていません。)

(1)(2)(4)　正しい。

(5)　丙種危険物取扱者は, 危険物の取扱作業に立ち会えないので正しい。

問題7　解答　(5)

解説 免状の書換えは, **免状を交付した都道府県知事又は居住地若しくは勤務地を管轄する都道府県知事**に申請しなければならないので, (5)が正しい。

(1)は, 書換え申請先は「免状の交付を受けた都道府県知事」のみに限られていないので誤り。(2)は, 免状の再交付は, **免状の交付**または**書き換え**, あるいは, **再交付を受けた都道府県知事**に申請しなければならないので誤り。(3)の免状の写真は, **10年以内に撮影**されたものでなければならないので, 10年を経過する前に書換えの申請をする必要があり, 誤り。(4)は, 書換え申請が必要なのは**本籍地**の変更であり, 居住地や勤務地の変更の場合は不要なので, 誤りです。

第7回

解答

問題8　**解答**　(1)

解説　B　販売取扱所以外の取扱所には危険物保安監督者の選任が必要です（P139 の「こうして覚えよう」を参照）。

C　危険物保安監督者になれるのは，**甲種**または**乙種危険物取扱者**で，製造所等において「危険物取扱いの実務経験が**6 ヶ月以上ある者**」です。このうち，**乙種は免状に指定された類のみの保安監督者にしかなれず**，また，**丙種は保安監督者にはなれない**ので，よって，誤りです。

D　問題文は逆で，危険物保安監督者の方が危険物施設保安員に対して必要な指示を与えます（この問題はよく出題されます）。

問題9　**解答**　(2)

解説　(1)　すべてではなく，危険物取扱者のうち「現に危険物の取扱作業に従事している危険物取扱者」です。もう少し詳しく説明すると，「①　危険物取扱者の**資格を有する者**」が「②　危険物の取扱作業に従事している」場合に講習を受ける必要がある，というわけです。ここのところをよく把握しておいて下さい（**丙種も受講義務がある**ので間違わないように！）。

(2)　(1)の解説より正しい。

(3)　危険物保安監督者に選任されていない危険物取扱者でも，危険物の取扱作業に従事していれば講習を受ける必要があります。

(4)　危険物施設保安員にそのような義務はありません。

(5)　法令違反を行った者が受ける講習ではありません。

　なお，受講義務のある危険物取扱者が，講習を受けなかった場合は，**免状の返納**を命ぜられることがあります。

問題10　**解答**　(5)

解説　問題の空地は**保有空地**（ほゆうくうち）と呼ばれるもので，火災時の消火活動や延焼防止のため製造所等の周囲に設ける空地のことをいい，いかなる物品といえども置くことはできません。その保有空地を必要とする施

設は，保安距離が必要な施設（「**製造所，屋内貯蔵所，屋外貯蔵所，屋外タンク貯蔵所，一般取扱所**」）に**簡易タンク貯蔵所**（ただし，屋外に設けるもの）と**移送取扱所**（地上設置のもの）を加えた**7つ**の施設です。

保有空地が必要な施設 ⇒ 保安距離が必要な施設＋**簡易タンク貯蔵所**＋
移送取扱所（地上設置のもの）

問題文は，「空地を保有しなければならない。」と「空地を必要としない。」が混在しているので，わかりにくいかもしれませんが，(1)(4)(5)の「空地を保有しなければならない。」にまず注目すると，(1)の屋外タンク貯蔵所は必要で○，(4)の屋外に設置する簡易タンク貯蔵所も必要で○，(5)の販売取扱所は上記に入っていないので不要となり，よってこれが誤りとなります。

(2)(3)は上記の6つの施設に含まれていないので「空地を必要としない。」で正解です。

解答

問題11 **解答** (4)

解説 (1) タンク容量を合算する(足す)のではなく，その中の**最大容量**の**110% 以上**とする必要があります。

(2) (1)より，最大容量は，3号タンクの重油**50 kℓ** なので，その110% 以上は 60 kℓ ではなく，$50 \times 1.1 = 55\ k\ell$ となります。

(3) 防油堤の高さは**0.5 m 以上**とする必要があります。

計量装置　通気管　タンク　バルブ（弁）　防油堤　水抜口

屋外タンク貯蔵所

(5) 3以下までしか設置できない，というのは簡易タンク貯蔵所においての基準です。

なお，タンク容量については，この**屋外タンク貯蔵所**と**地下タンク貯蔵所**および**給油取扱所の専用タンク**が「制限なし」で，給油取扱所の廃油タンクが**1万 ℓ 以下**，移動タンク貯蔵所が**3万 ℓ 以下**となっています。

問題12 **解答** (4)

解説 (1) 危険物を海中や水中に流出（または投下）させてはいけません。

(2) 周囲に建築物が隣接しているような場所では焼却して廃棄することはできません。(4)のように，**見張人**をつけ，必ず**安全な場所**で他に危害を及ぼさない方法で行う必要があります。

(3) 埋没して廃棄することも可能です。その場合，危険物の性質に応じ，安全な場所で行う必要があります。

(5) このような規定はありません。

(1) 危険物を川や海に流出（又は投下）させないこと。

(4) 焼却は安全な場所で見張人をつけて行うこと。

問題13 **解答** (4)

解説 類の異なる危険物を同一車両で運搬することを**混載**といい，混載できる危険物の組み合わせは，次のようになっています。

こうして覚えよう！ <混載できる危険物の組み合わせ>

1類－6類	左の部分は1から4と順に増加
2類－5類，4類	右の部分は6, 5, 4, 3と下がり，2
3類－4類	と4を逆に張り付け，そして最後
4類－3類，2類，5類	に5を右隅に付け足せばよい。

(なお，混載禁止の組み合わせでも，一方の危険物が指定数量の1/10以下なら混載が可能です。)

従って，第4類と混載できるのは，第2類，第3類，第5類なので(4)が正解です。

問題14 **解答** (1)

解説 第4類危険物に対して，水は棒状，霧状とも適応しません。

小型消火器 　　　　 乾燥砂 　　　　 水バケツ 　　　　 水槽

第5種消火設備

解答

問題15 **解答** (5)

解説 正解は，次のようになります。

「製造所等（移送取扱所を除く。）を設置する場合，消防本部及び消防署を設置している市町村の区域にあっては（A：**市町村長**），その他の区域にあっては当該区域を管轄する（B：**都道府県知事**）の許可を受けなければならない。なお，工事完了後は（C：**完成**）検査を受けなければならないが，液体の危険物を貯蔵し，または取り扱うタンクを設置する場合は，Cの検査を受ける前に（D：**完成検査前**）検査を受けなければならない。」

══ 基礎的な物理学及び基礎的な化学 ══

問題16 **解答** (2)

解説 (2) 誤り。熱容量は，物質（全体）の温度を1℃上げるのに必要な熱量のことをいい，この**熱容量**と(1)の**比熱**は，その値が大きな物質ほど温まりにくく，かつ，冷めにくくなります。

(3) 正しい。なお，これを**シャルルの法則**といいます。

(4)　正しい。熱伝導率の大きさは，**固体＞液体＞気体**，の順になります。

(5)　正しい。熱伝導率が大きな物質ほど熱を伝えやすいので熱が逃げやすくなり，温度が上昇しにくくなります。

問題17　**解答**　(5)

解説　タンク類などを絶縁（＝電気の流れを遮断）するのではなく，静電気が大地に逃げるよう，**接地**をする必要があります。

接地をすると
静電気は大地に逃げます

(3)　正しい。なお，静電気は，物質の接触回数が**多い**ほど，接触面積が**大きい**ほど，また接触圧力が**高い**ほど発生しやすくなります。

問題18　**解答**　(5)

解説　反応式より，1 mol のエタノールと 3 mol の酸素が結びついて燃焼しているのがわかります。

　　よって，エタノール 1 mol を完全燃焼させるには，3 mol の酸素が必要となるので，1 mol の酸素（O_2）は $16×2＝32$ g なので，3 mol の酸素は，$32×3＝96$ g となります。

問題19　**解答**　(3)

解説　(a)式は，炭素 1 モルが**不完全燃焼**して 110.6 kJ の熱を発熱し，一酸化炭素を生じたときの式で，(b)式は，炭素 1 モルが**完全燃焼**して 394.3 kJ の熱を発熱し，二酸化炭素を生じたときの式です。従って，(1)(4)は正しい。

　　(2)は，(b)式についての説明で正しい。

　　(3)は完全燃焼について言っているので，(b)式です。その(b)式の左辺を見ると，炭素 C を完全燃焼させるのに 1 モルの酸素 O_2 が必要となっています。

従って，O＝16 より，O_2＝32 となるので，酸素 16 g とした⑶が誤りです。

問題20 **解答** ⑵

解説 燃焼の 3 要素には，**可燃物**，**酸素供給源**および**点火源**があります。

　このうち「酸素供給源」は，一般には空気のことを言いますが，**酸化剤**（第 1 類や第 6 類の危険物など）のように**物質内に含まれている酸素**が「酸素供給源」になる場合などもあります。従って，空気以外にも「酸素供給源」になる場合があるので，⑵が誤りです。

　⑷は，鉄がさびるときのように，発熱や発光等を伴わない酸化反応は燃焼とは言わないので，酸化反応のすべてが燃焼に該当せず，正しい。

　⑸は，燃焼には炎を出して燃える**有炎燃焼**と，線香やタバコなどのように炎を出さずに燃える**無炎燃焼**に分けられ，炎を出さなくても無炎燃焼は（固体特有の）「燃焼」になります。

問題21 **解答** ⑷

解説 引火点の説明は⑷の通りですが，別の言い方をすると，「空気中で点火したとき燃焼するのに十分な濃度の蒸気を液面上に発生する最低の**液温**」または「燃焼範囲の下限値の濃度の蒸気を液面上に発生しているときの**液温**」とも言えます。

　もっと簡単に言うと，「火を近づければ燃えるときの最低の液温」となります。

　なお，⑶は発火点の説明になっています。

第7回

問題22 **解答** (1) （Aのみが正しい）

解説 A　正しい。

B　誤り。水素は，**無色無臭**の気体です。

C　誤り。酸素は**無色無臭**の気体で，他の物質の燃焼を助ける支燃性ガスですが，自身は**不燃性**です。

D　誤り。同素体は，「同じ元素からなる単体でも**性質の異なる物質どうし**」のことであり，酸素（O_2）とオゾン（O_3）は，その同素体なので，性状は異なります。

E　誤り。窒素は，不活性ガス消火剤として用いられ，消火の際に有効な作用をしますが，水には溶けにくい物質です。

空気の約8割は窒素で
約2割は酸素デス

空気

O_2　N_2 O_2

N_2　N_2O O_2

ウマイ！

問題23 **解答** (4)

解説 (1)　Aの沸点は300℃なので，300℃に加熱すると沸騰します（正しい）。

(2)　引火点が70℃なので，液温が80℃だと燃焼が可能な可燃性蒸気が発生しており，炎を近づければ引火するので正しい。

(3)　Aの発火点は350℃なので，350℃以上に熱せられた鉄板上にAをたらすということは，Aの温度を350℃以上にする，つまり，Aを発火点以上にするということなので，発火する危険があり，正しい。

(4)　Aの燃焼範囲は1.1～6.0 vol%なので，蒸気濃度が3.0 vol%ということは，燃焼範囲内の状態にある，ということになります。よって，炎を近づければ燃焼するので，誤りです（下図参照）。

(5)　Aの蒸気の重さは，蒸気比重が4.5なので，空気の4.5倍の重さがあり，正しい。

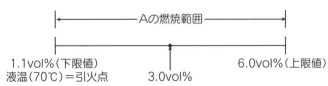

Aの燃焼範囲

1.1vol%（下限値）　　　　　3.0vol%　　　　6.0vol%（上限値）
液温（70℃）＝引火点

問題24　解答　(5)

解説　(1)は，空気中の酸素濃度が約 15 vol%以下になると燃焼は停止するので正しい。(2)の内部（自己）燃焼性のある物質とは，自身に酸素が含まれている物質で，セルロイド（原料はニトロセルロース）などがあります。これらの物質が燃えているときに酸素をしゃ断しても，自身の酸素で燃え続けるので窒息効果はない，ということになります。(5)の注水による主たる消火効果は**冷却**です。

問題25　解答　(5)

解説　消火剤とその主な消火効果は次の表の通りです。

適応火災と消火効果

消火剤			主な消火効果	適応する火災		
				普通	油	電気
水系	水	棒状	冷却	○	×	×
		霧状		○	×	○
	強化液	棒状	冷却	○	×	×
		霧状	冷却　抑制	○	○	○
	泡		冷却　　　窒息	○	○	×
ガス系	二酸化炭素		窒息	×	○	×
	ハロゲン化物		抑制　　　窒息	×	○	○
粉末	リン酸塩類		抑制　　　窒息	○	○	○
	炭酸水素塩類		抑制　　　窒息	×	○	○

注：抑制効果は負触媒効果ともいいます。

　　つまり，「水」⇒ **冷却**効果　「強化液」⇒ 棒状は**冷却**効果，霧状は**冷却**効果と**抑制**効果　「泡」⇒ **窒息**効果と**冷却**効果　「ハロゲン化物」⇒ **抑制**効果と**窒息**効果　「二酸化炭素」⇒ **窒息**効果　「粉末」⇒ **抑制**効果と**窒息**効果，となります。

　以上より各設問を判断すると

(1)　二酸化炭素消火剤は**窒息効果**です。

(2)　ふたをして消火するのは，**窒息効果**です。

(3) 乾燥砂で覆うことによる**窒息効果**です。

(4) 強化液消火剤は**冷却効果**と**抑制効果**です。

(5) 粉末消火剤の消火効果は，**窒息効果と抑制効果**なので正しい。

危険物の性質並びにその火災予防及び消火の方法

問題26 **解答** (4)

解説 第5類の危険物は，**液体**または**固体**です。

 こうして覚えよう！　　＜各類の状態＞

固体のみは1類と2類，液体のみは4類と6類

（危険物の本を読んでいたら）**固 い ひ と 　 に 　 駅 で 無 　 視 された**

固体 → 1類 と 2類　　液体 → 6類と4類

問題27 **解答** (5)

解説 可燃物との摩擦や衝撃等により，発火や爆発の危険性があるのは，**第1類と第6類**の危険物です。

問題28 **解答** (4)

解説 温度が上昇すると油類（危険物）の体積が**膨張**するので，容器に目一杯詰めてしまうと容器がそれによって破損してしまうおそれがあります。従って，油類（危険物）を容器に詰める場合は，必ず空気を残して詰める必要がある，というわけです。

　なお，⑴は注入速度を速くすると静電気が生じやすくなるので×，⑵は電気的に絶縁状態にするのではなく，発生した静電気が大地に逃げるように**接地**をします。また，⑸の湿度は**高く**します。

若干の空間

ガソリンなど

容器に詰めるときは若干の空間を残す

問題29 **解答** ⑵

解説 油火災（第4類危険物の火災）に不適当な消火剤は，**棒状の強化液**と**水**（**棒状**，**霧状**とも）です。従って，⑵の「棒状の強化液を放射する消火器」が誤りです。

第7回

解答

問題30 **解答** ⑷

解説 ⑴　蒸気比重は **3～4** です。
　　　⑵　ガソリンの引火点は**−40℃以下**，灯油の引火点は**40℃以上**なので灯油より低いですが，発火点はガソリンが**300℃**，灯油が**220℃**なので反対に灯油より高いので誤りです。
　　　⑶　比重は **0.65～0.75** で，自動車ガソリンは**オレンジ色**に着色されます。
　　　⑸　自然発火しやすいのは，動植物油類の**乾性油**です。

問題31 **解答** ⑸

解説 アクリル酸は融点が約 13℃ のため，凍結しやすく，それを融解させる際の熱で発火，爆発するおそれがあるので，凍結しないよう，**密栓して冷暗所**に貯蔵します。なお，重合とは，分子量の小さな物質が次々と結合して，分子量の大きな物質になる反応のことをいいます。

問題32 **解答** ⑶

解説 クレオソート油の液比重は **1.0 以上**なので，水より**重く**，⑶が誤りです（P 235 の⑶参照）。なお，クレオソート油は，重油や動植物油類と同じく引火点が高いので加熱しない限り引火の危険性は小さいですが，いったん

燃え始めると**液温**が高くなり，消火が大変困難となるので注意が必要です。

問題33　**解答**　⑶

解説　ヨウ素価の大きさと自然発火は，次のように関係があります。

　不飽和脂肪酸が多い⇒ヨウ素価が大きい⇒乾きやすい油（乾性油）⇒**自然発火**しやすい。従って，ヨウ素価が大きいほど自然発火しやすいので，⑶が誤りです。

問題34　**解答**　⑵

解説　常温で引火の危険性があるものは，要するに，**引火点が常温以下**のものなので，**特殊引火物，第1石油類，アルコール類**（一部除く）がこれに該当します。従って，順に検討していくと，

⑴　クレオソート油は**第3石油類**なので，常温で引火の危険性はありません。

⑵　ジエチルエーテルは**特殊引火物**，トルエンは**第1石油類**，メタノールは**アルコール類**だから，すべて常温で引火の危険性があります。

⑶⑷⑸　氷さく酸，灯油，キシレンは**第2石油類**なので，常温で引火の危険性はありません。

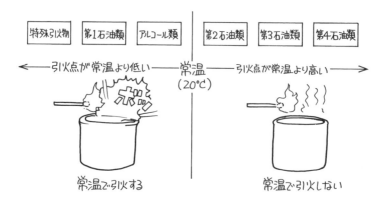

問題35　**解答**　⑶

解説　毒性はベンゼンの方が強いので誤りです。

第8回

乙種第4類危険物取扱者

模 擬 テ ス ト

第8回

═危 険 物 に 関 す る 法 令═

問題1

次の文の（　）内に当てはまる数値として，正しいものはどれか。

「アルコール類とは，1分子を構成する炭素原子の数が（　A　）個から
（　B　）個までの飽和一価アルコールのことをいう。」

	A	B
⑴	1	2
⑵	1	3
⑶	2	4
⑷	2	5
⑸	3	5

問題2

法令上，屋内貯蔵所に，灯油2000ℓと重油4000ℓを貯蔵している。この同じ場所に次の危険物を貯蔵した場合，指定数量の倍数がちょうど10となるものはどれか。

⑴　二硫化炭素…………　300ℓ

⑵　ガソリン……………1000ℓ

⑶　アセトン……………1600ℓ

⑷　エタノール…………1200ℓ

⑸　ベンゼン……………1000ℓ

問題3

法令上，製造所等の区分に関する一般的説明について，次のうち誤っているものはどれか。

⑴　簡易タンク貯蔵所とは，簡易タンクにおいて危険物を貯蔵し，又は取り扱う貯蔵所をいう。

⑵　地下タンク貯蔵所とは，地盤面下に埋設されているタンクにおいて危険

物を貯蔵し，又は取り扱う貯蔵所をいう。

(3)　移動タンク貯蔵所とは，鉄道の車両に固定されたタンクにおいて危険物を貯蔵し，又は取り扱う貯蔵所をいう。

(4)　販売取扱所とは，店舗において容器入りのままで販売するため危険物を取り扱う取扱所をいう。

(5)　一般取扱所とは，給油取扱所，販売取扱所，移送取扱所以外で危険物を取り扱う取扱所をいう。

問題 4

法令上，危険物の規制について，次のうち誤っているものはどれか。

(1)　製造所等の譲渡又は引渡しを受けたときは，遅滞なくその旨を市町村長等に届け出なければならない。

(2)　製造所等の位置，構造又は設備を変更しないで，貯蔵し，又は取り扱う危険物の種類又は数量を変更しようとするときは，変更後10日以内にその旨を市町村長等に届け出なければならない。

(3)　指定数量以上の危険物は，所轄消防長，又は消防署長の承認を受けて仮に貯蔵し，又は取り扱う場合を除き，貯蔵所以外の場所でこれを貯蔵し，又は製造所等以外の場所でこれを取り扱ってはならない。

(4)　製造所等においては，当該製造所等の位置，構造及び設備を技術上の基準に適合するように維持しなければならない。

(5)　製造所等の用途を廃止したときは，遅滞なくその旨を市町村長等に届け出なければならない。

問題 5

製造所等における地下貯蔵タンクの規則で定める漏れの点検について，次のうち誤っているものはどれか。

(1)　点検は，完成検査済証の交付を受けた日又は直近の漏れの点検を行った日から1年を超えない日までの間に1回以上行わなければならず，また，その記録は，3年間保存しなければならない。

(2)　二重殻タンクの内殻については漏れの点検を実施する必要はない。

(3)　点検は，危険物取扱者又は危険物施設保安員で漏洩の点検方法に関する

知識及び技能を有する者が行うことができる。

⑷　点検は，タンク容量 3000 ℓ 以上のものについて行わなければならない。

⑸　点検記録には，製造所等の名称，点検年月日，点検の方法，結果及び実施者等を記載しなければならない。

問題6

法令上，保安に関する検査について，次のうち誤っているものはどれか。

⑴　定期保安検査と臨時保安検査がある。

⑵　特定屋外タンク貯蔵所は，10,000 kℓ 以上の液体危険物を貯蔵する場合に検査対象となる。

⑶　指定数量の倍数が 100 以上の製造所は検査対象となる。

⑷　すべての移送取扱所が検査対象となるわけではない。

⑸　検査を行うのは，市町村長等である。

問題7

法令上，危険物取扱者について，次のうち誤っているものはどれか。

⑴　危険物保安監督者に選任されても，すべての類の危険物を取り扱うことができるわけではない。

⑵　製造所等において，丙種危険物取扱者の免状を有していれば，メタノールを取り扱うことができる。

⑶　製造所等において，危険物取扱者以外の者は，丙種危険物取扱者の立会いがあっても危険物を取り扱うことはできないが，定期点検を行うことはできる。

⑷　危険物施設保安員が危険物の取り扱いをする場合，危険物取扱者の立会いが必要な場合がある。

⑸　乙種第4類の免状を有する危険物取扱者が立ち会っても，危険物取扱者以外の者は引火性固体を取り扱うことができない。

問題8

法令上，製造所等の所有者等が危険物施設保安員に行わせなければな

らない業務として，次のうち誤っているものはどれか。

(1) 計測装置，制御装置，安全装置等の機能が適正に保持されるように保安管理させること。

(2) 構造及び設備を技術上の基準に適合するよう，定期及び臨時の点検を行わせること。

(3) 定期及び臨時の点検を行ったときは，点検を行った場所の状況及び保安のために行った措置を記録し，保存させること。

(4) 構造及び設備に異常を発見した場合は，危険物保安監督者その他関係のある者に連絡するとともに状況を判断して適当な措置を講じさせること。

(5) 危険物保安統括管理者又は危険物保安監督者が，旅行，疾病その他の事故によって職務を行うことができない場合には，それを代行させること。

問題 9

法令上，危険物取扱作業の保安に関する講習について，次のうち正しいものはどれか。

(1) 指定数量以上の危険物を車両で運搬する危険物取扱者は，受講しなければならない。

(2) 危険物の取扱作業に従事していない危険物取扱者は，10 年以内に 1 回受講しなければならない。

(3) 前回講習を受けた危険物取扱者は，その受講日以後における最初の 4 月 1 日からかぞえて 3 年以内に受けなければならない。

(4) 過去 2 年以内に免状の交付を受けた危険物取扱者は，その交付日以後における最初の 4 月 1 日から 5 年以内に受講すればよい。

(5) 危険物の取扱作業に従事している危険物取扱者が，消防法令に違反した場合に受講する講習である。

問題10

法令上，学校，病院及び重要文化財等の建築物等から一定の距離を保たなければならない旨の規定が設けられている製造所等は，次のうちどれか。

(1) 給油取扱所　　　(2) 第 1 種販売取扱所　　　(3) 第 2 種販売取扱所

(4) 屋内タンク貯蔵所　　(5) 屋外貯蔵所

問題11

　法令上，顧客に自ら自動車等に給油させる給油取扱所の構造及び設備の技術上の基準として，次のうち正しいものはどれか。

(1)　顧客用固定給油設備以外の給油設備には，顧客が自ら用いることができる旨の表示をしなければならない。

(2)　当該給油取扱所には，「自ら給油を行うことができる旨」「自動車等の停止位置」「危険物の品目」「ホース機器等の使用方法」のほか「営業時間」等も表示する必要がある。

(3)　顧客用固定給油設備の給油ノズルは，自動車等の燃料タンクが満量となったときに警報を発する構造としなければならない。

(4)　当該給油取扱所へ進入する際，見やすい箇所に顧客が自ら給油等を行うことができる旨の表示をしなければならない。

(5)　当該給油取扱所は，建築物内に設置してはならない。

問題12

　法令上，製造所等における危険物の貯蔵及び取扱いのすべてに共通する技術上の基準について，次のうち誤っているものはどれか。

(1)　可燃性蒸気が滞留する恐れのある場所で，火花を発する機械工具，工具等を使用する場合は，注意して行わなければならない。

(2)　許可又は届出に係る品名以外の危険物又はこれらの許可若しくは届出に係る数量若しくは指定数量の倍数を超える危険物を貯蔵し，又は取り扱ってはならない。

(3)　危険物を保護液中に保存する場合は，当該危険物が保護液から露出しないようにしなければならない。

(4)　危険物が残存し，又は残存しているおそれがある設備，機械器具，容器等を修理する場合は，安全な場所において，危険物を安全に除去した後に行わなければならない。

(5)　法別表第1に掲げる類を異にする危険物は，原則として同一の貯蔵所（耐火構造の隔壁で完全に区分された室が2以上ある貯蔵所においては，同一

の室）において貯蔵してはならない。

問題13

危険物の運搬容器の外部に表示しなくてよいものは，次のうちどれか。

(1) 収納する危険物に応じた注意事項

(2) 第4類危険物のうち，水溶性の危険物の場合は，水溶性の表示

(3) 収納する危険物に応じた消火方法

(4) 危険物の数量

(5) 危険物の品名及び化学名

問題14

移動タンク貯蔵所によるガソリンの移送及び取扱いについて，次のうち正しいものはどれか。

(1) 定期的に危険物を移送する場合は，移送経路その他必要な事項を出発地の消防署に届け出なければならない。

(2) 丙種危険物取扱者が乗車しても，移送することができない。

(3) 運転手は危険物取扱者ではないが，助手が乙種第4類の危険物取扱者で免状は事務所に保管してあれば，ガソリンを移送することができる。

(4) タンクの底弁，マンホール，注入口のふた，消火器などの点検は，1週間に1回以上行わなければならない。

(5) 危険物を移送する者は，当該移送が規則で定める長時間にわたるおそれがある移送であるときは，2人以上の運転員でしなければならない。

第8回

問題

問題15

法令上，製造所等に設置する警報設備について，次のうち正しいものはどれか。

(1) 指定数量の倍数が100以上の製造所等で規則で定めるものは，総務省令で定めるところにより，火災が発生した場合自動的に作動する火災報知設備その他の警報設備を設置しなければならない。

(2) 指定数量の倍数が30の移動タンク貯蔵所には，警報設備を設置しなけ

ればならない。
⑶ 警報設備には，自動火災報知設備，拡声装置，警鐘，消防機関に報知ができる電話，自動式サイレンがある。
⑷ 指定数量の倍数が10以上の製造所には，警報設備のうち，自動火災報知設備を必ず設置しなければならない。
⑸ 指定数量の倍数が10の屋外貯蔵所には，警報設備のうち，自動火災報知設備を必ず設置しなければならない。

基礎的な物理学及び基礎的な化学

問題16

熱の移動の仕方には伝導，対流および放射の３つがあるが，次のA～Eのうち，主として対流が原因であるものはいくつあるか。

　A　天気の良い日に屋外で日光浴をしたら身体が暖まった。
　B　ストーブで灯油を燃焼していたら，床面よりも天井近くの温度が高くなった。
　C　鉄棒を持って，その先端を火の中に入れたら手元のほうまで次第に熱くなった。
　D　ガスこんろで水を沸かしたところ，水の表面から暖かくなった。
　E　アイロンをかけたら，その衣類が熱くなった。
⑴　1つ　　　⑵　2つ　　　⑶　3つ　　　⑷　4つ　　　⑸　5つ

問題17

次の静電気についての記述のうち，誤っているものはどれか。
⑴　静電気は人体にも帯電する。
⑵　静電気が原因で発生した火災には，燃焼物に適応した消火方法をとる。
⑶　一般に液体や粉末が流動する時は静電気が発生しやすい。
⑷　静電気は，空気が乾燥しているほど発生しやすい。
⑸　静電気が蓄積すると発熱し，火災の危険が生じる。

問題18

単体，化合物及び混合物の組み合わせについて，次のうち正しいものはどれか。

	単体	化合物	混合物
(1)	ナトリウム	アンモニア	希硫酸
(2)	二酸化炭素	硝酸	灯油
(3)	エタノール	硫酸	オゾン
(4)	酸素	水素	ガソリン
(5)	水銀	空気	水

第8回

問題19

0℃の気体を体積一定で加熱していったとき，圧力が2倍になる温度は，次のうちどれか。ただし，気体の体積は温度が1℃上がるごとに，0℃のときの体積の273分の1ずつ膨張するものとする。

(1) 2℃   (2) 137℃   (3) 273℃   (4) 546℃   (5) 683℃

問題

問題20

次の組み合わせのうち，燃焼が起こるものはどれか。

(1) 光……………エタノール……………水素
(2) 沸騰水…………酢酸………………酸素
(3) 静電気火花………ガソリン……………二硫化炭素
(4) 炎………………灯油………………空気
(5) 電気火花………ピリジン……………窒素

問題21

次の文の（　）内に当てはまる語句はどれか。

「可燃物が空気中で加熱され，炎や火花などで点火しなくても自ら燃え始めるときの最低の温度を（　　　）という。」

(1)　引火点　　　(2)　発火点　　　(3)　燃焼点
(4)　燃焼範囲の下限値　　　　(5)　分解温度

問題22

「ある可燃性液体の引火点は 20℃ である。」
このことを正しく説明しているものは，次のうちどれか。

(1)　気温が 20℃ の所におくと，火源がなくても燃え出す。
(2)　気温が 20℃ になると，分解をし始める。
(3)　液温が 20℃ になると，液体の表面に炎，火花などを近づければ火が着く。
(4)　気温が 20℃ になると，液体の内部から蒸発し始める。
(5)　液温が 20℃ になると，自然発火する。

問題23

次に掲げる物質が燃焼した際に，主な燃焼形態が蒸発燃焼である組合せはどれか。

(1)　水素，プロパンガス
(2)　石炭，木炭
(3)　灯油，硫黄
(4)　木材，プラスチック
(5)　コークス，セルロイド

問題24

消火に関する説明で，次のうち誤っているものはどれか。

(1)　消火をするためには，燃焼の三要素のうちの 1 つを取り除けばよい。
(2)　可燃性蒸気の濃度を燃焼範囲の下限値以下にすれば消火できる。
(3)　ハロゲンなどの抑制作用によって消火をする方法を負触媒（抑制）消火という。
(4)　除去消火とは，可燃物を取り除いて消火をする方法である。
(5)　燃焼物の温度を発火点以下にすれば消火できる。

問題25

消火剤等に関する説明として，次のうち誤っているものはどれか。

(1) ハロゲン化物は，電気の不導体なので電気設備の火災にも適応する。

(2) 消火粉末には，りん酸塩類を主成分にしたものと，炭酸水素塩類を主成分にしたものとがあるが，どちらも油火災には適応しない。

(3) 泡には窒息効果と冷却効果があり，発泡機構等の違いにより化学泡と空気泡とに大別される。

(4) 二酸化炭素は窒息効果を有する消火剤であり，液化してボンベに充填したものを使用する。

(5) 電気設備の火災に対しては，霧状にして放射すれば適応する。

━━━危険物の性質並びにその火災予防及び消火の方法━━━

問題26

危険物の類ごとの共通する性状について，次のうち誤っているものはどれか。

(1) 第1類の危険物は，加熱により分解して酸素を発生する性質があり，塩素酸塩類などがこれに該当する。

(2) 第2類の危険物は，燃焼が速く，燃焼のときに有毒ガスを発生するものがあり，硫黄などがこれに該当する。

(3) 第3類の危険物は，自然発火，または水と接触して発火し若しくは可燃性ガスを発生するものがあり，カリウムなどがこれに該当する。

(4) 第5類の危険物は，自己反応性があり，加熱，衝撃等により，発火，爆発するものがある。

(5) 第6類の危険物は，強塩基性の還元剤であり，硝酸などがこれに該当する。

問題27

第4類危険物の性状について，次のうち誤っているものはどれか。

(1)　発火点の低いものほど発火しやすい。

(2)　沸点の低いものは，引火して爆発する危険性が大きい。

(3)　発火点以上の温度に加熱されると，火気がなくても燃焼する。

(4)　霧状にすると，空気との接触面積が大きくなるので危険性が大きくなる。

(5)　かくはんなどにより静電気が生じると，酸化熱により温度が上昇する。

問題28

　第4類危険物に共通する火災予防および取扱い上の注意について，次のうち正しいものはどれか。

(1)　ホースや配管などで送油する際は，静電気の発生を抑えるため流速をできるだけ速くする。

(2)　可燃性蒸気が滞留するおそれのある場所では，機械器具を使用しない。

(3)　容器に詰め替えるときは蒸気が発生しやすいので，外部に漏れないよう室内の換気を行わないようにする。

(4)　可燃性蒸気が漏れるのを防ぐため，容器には密栓をする。

(5)　導電率（電気伝導度）の良い液体は，静電気が発生しやすいので取り扱いには注意をする。

問題29

　次の文中の（　）内に当てはまる泡消火剤について，適切なものはどれか。

　「アルコール類などの可燃性液体の火災に際して，通常，油火災に用いられている泡消火剤の中には，火面を覆った泡が破壊し溶けて消滅してしまうものがあるため，これらの火災には（　　）が用いられる。」

(1)　合成界面活性剤泡消火剤　　(2)　水溶性液体用泡消火剤

(3)　たん白泡消火剤　　　　　　(4)　水成膜泡消火剤

(5)　ふっ素たん白泡消火剤

問題30

　危険物を取り扱う地下埋設配管（炭素鋼管）が腐食してこの危険物が

漏えいする事故が発生している。この腐食の原因として考えにくいもの
は，次のうちいくつあるか。

A　配管を通気性の異なった2種の土壌にまたがって埋設した。

B　タールエポキシ樹脂を配管に塗装した。

C　配管を埋設した場所の近くに直流の電気設備が設置されたため，迷走
電流の影響が大きくなった。

D　コンクリートの中に配管を埋設した。

E　電気器具のアースをとるため地中に打ち込んだ銅の棒と配管が接触し
ていた。

(1)　1つ　　(2)　2つ　　(3)　3つ　　(4)　4つ　　(5)　5つ

問題31

　ガソリンを灯油と比べた場合，その危険性が大きい理由として，次の
うち正しいものはどれか。

(1)　可燃性蒸気の重さが灯油より重いから。

(2)　燃焼範囲に大きな差はないが，引火点が灯油より低いから。

(3)　発火点が灯油より低いから。

(4)　燃焼範囲が灯油に比べて著しく広いから。

(5)　沸点が灯油よりはるかに高いから。

問題32

　灯油と軽油に共通する性状として次のA～Eのうち，誤っているもの
はいくつあるか。

A　ともに精製したものは無色であるが，軽油はオレンジ色に着色してあ
る。

B　ともに液温20℃で容易に引火する。

C　ともに電気の不導体であり，流動によって静電気を発生しやすい。

D　水より軽く，水に溶けない。

E　ガソリンが混ざると引火しやすくなる。

(1)　1つ　　　(2)　2つ　　　(3)　3つ　　　(4)　4つ　　　(5)　5つ

第8回

問題33

動植物油類の中で乾性油などは，自然発火することがあるが，次のうち最も自然発火を起こしやすい状態にあるものはどれか。

(1) 金属容器に入ったものが長期間，倉庫に貯蔵されている。

(2) 容器からこぼれた油がしみ込んだぼろ布や紙などが，長期間，通風の悪い所に積んである。

(3) 種々の動植物油が同一場所に大量に貯蔵されている。

(4) ガラス製容器に入ったものが長期間，直射日光にさらされている。

(5) 水が混入したものが屋外に貯蔵されている。

問題34

次のうち，水より重いもの（液比重が1以上のもの）のみの組み合わせはどれか。

(1) 重油，酸化プロピレン，二硫化炭素

(2) ジエチルエーテル，酢酸，アセトアルデヒド

(3) ニトロベンゼン，クレオソート油，トルエン

(4) アセトン，二硫化炭素，メタノール

(5) ニトロベンゼン，二硫化炭素，クレオソート油

問題35

エチルメチルケトンの貯蔵または取扱いの注意事項として，次のうち不適切なものはどれか。

(1) 日光の直射を避ける。

(2) 換気をよくする。

(3) 貯蔵容器は通気口付きのものを使用する。

(4) 火気を近づけない。

(5) 冷所に貯蔵する。

第8回テストの解答

═危 険 物 に 関 す る 法 令═

問題1 **解答** (2)

解説 「アルコール類とは，1分子を構成する炭素原子の数が1個から3個までの飽和一価アルコールのことをいう。」となっています。なお，含有量が **60%** 未満の水溶液はアルコール類から除かれます。

問題2 **解答** (1)

解説 灯油の指定数量が 1000ℓ，重油の指定数量が 2000ℓ なので，灯油 2000ℓ と重油 4000ℓ ということは，灯油が指定数量の2倍，重油も指定数量の2倍となり，貯蔵量の合計は4倍となります。

従って，あと指定数量の**6倍**の危険物を貯蔵すれば指定数量の倍数が10となるので，(1)～(5)のうち，指定数量の倍数が6倍のものを探せばよいわけです。

各指定数量は，(1)の二硫化炭素は特殊引火物なので，50ℓ，(2)のガソリンは第1石油類の非水溶性なので，200ℓ，(3)のアセトンは，第1石油類の水溶性なので，400ℓ，(4)のエタノールは，400ℓ，(5)のベンゼンは，(2)のガソリンと同じく第1石油類の非水溶性なので，200ℓ となります。従って，各指定数量の倍数は

(1) $\dfrac{300 \ell}{50 \ell} = 6$　　　(2) $\dfrac{1000 \ell}{200 \ell} = 5$

(3) $\dfrac{1600 \ell}{400 \ell} = 4$　　　(4) $\dfrac{1200 \ell}{400 \ell} = 3$

(5) $\dfrac{1000 \ell}{200 \ell} = 5$

となるので，(1)の二硫化炭素が正解となります。

第8回

問題3 **解答** (3)

解説 移動タンク貯蔵所は，**車両に固定されたタンク**において危険物を貯蔵し，又は取り扱う貯蔵所をいい，「鉄道の車両」ではないので，誤りです。

移動タンク貯蔵所

問題4 **解答** (2)

解説 危険物の種類又は数量を変更しようとするときは，変更後ではなく，**変更しようとする日の10日前**までに市町村長等に届け出なければならないので，誤りです。

(1)(5)は，遅滞なく市町村長等に届け出なければならないので，正しい。

(3)(4)も正しい。

問題5 **解答** (4)

解説 (1) 正しい。

(2) 正しい。二重殻タンクの場合，点検の実施対象は**外殻**であり，内殻については実施する必要はありません。

(3) 正しい（**地下埋設配管**の規則に定める漏れの点検についても同様です）。なお，危険物取扱者の立会を受けた場合は，危険物取扱者以外の者が漏れの点検方法に関する知識及び技能を有していれば点検を行うことができます。

(4) 誤り。タンクの容量に関する規定はなく，「すべて」が対象です。なお，移動貯蔵タンクについても，ほぼ同様ですが，点検記録の保存期間が**10年間**というのが大きく異なるので，注意してください。

> 移動貯蔵タンクの点検記録保存期間
> ⇒10年間（地下タンクは3年間）

(5) 正しい。なお，点検結果の報告義務はありません。

問題6 **解答** (3)

解説 検査対象となるのは, (2)にあるように, **10,000 kℓ 以上の液体危険物**を貯蔵する**特定屋外タンク貯蔵所**と配管の延長が **15 km 以上の移送取扱所等**なので（⇒従って, すべての移送取扱所が検査対象となるわけではないので, (4)は正しい）, (3)の製造所は指定数量の倍数にかかわらず検査対象とはなりません。

問題7 **解答** (2)

解説 丙種は, メタノールを取り扱えないので, 誤りです。

第8回

 こうして覚えよう!

＜丙種が取り扱える危険物＞

・ガソリン

・灯油と軽油

・第3石油類（重油, 潤滑油と<u>引火点が 130℃ 以上のもの</u>）

・第4石油類

・動植物油類

塀 が 重いよ〜。動 け！と
丙種　ガソリン　重油　4石油　動植物　軽油　灯油
ジュンが言った。（左の下線部のものはゴロ合わせに入っていません）
　　潤滑油

 解答

(1) 甲種の場合はすべての類の危険物を取り扱うことができますが, 乙種は免状に指定された類の危険物しか取り扱えないので, 正しい。

(3) 丙種は, 危険物取扱いの立会いはできませんが, 定期点検の立会いはできるので, 正しい。

(4) 危険物施設保安員が危険物取扱者の免状を有しない場合は, 危険物取扱者の立会いがなければ危険物の取り扱いを行うことはできません。

(5) 乙種第4類危険物取扱者は引火性固体（第2類の危険物）を取り扱うことができないので, 立ち会うこともできず, 正しい。

第8回

問題8 **解答** (5)

解説 このような業務は含まれていません。

問題9 **解答** (3)

解説 (1) 「車両」が問題です。車両でも**移動タンク貯蔵所**なら受講義務がありますが、一般のトラックのようなもので運搬する場合は、危険物取扱者の資格は要らないので受講義務はありません。

(2) 危険物の取扱作業に従事していなければ受講する必要はありません。

(4) 過去2年以内に免状の交付(または講習)を受けた危険物取扱者は、その日以後における最初の4月1日から**3年以内**に受講する必要があります。

(5) そのような講習はありません。

問題10 **解答** (5)

解説 保安距離を保つ必要のある製造所等は次の5つです。

「製造所、屋内貯蔵所、**屋外貯蔵所**、屋外タンク貯蔵所、一般取扱所」

従って、(5)の屋外貯蔵所が正解です。

問題11 **解答** (4)

解説 (1) 顧客用固定給油設備**以外**の給油設備には、顧客が自ら用いることができない旨の表示をする必要があります。

(2) 「営業時間」の表示は不要です。

ちなみに、「危険物の品目」の表示ですが、ハイオクが**黄色**、レギュラーが**赤色**、軽油が**緑色**、灯油が**青色**となっています。
　従って、「**軽油の顧客用固定給油設備（ノズル、コック）の色は？**」と問われれば上記下線部より**緑色**となります。（**出題例あり！**）

(3)　自動車等の燃料タンクが満量となったときは警報を発するのではなく、**給油を自動的に停止する構造**とする必要があります。

(5)　建築物内に設置してもかまいません。

問題12　**解答**　(1)

解説　可燃性蒸気が滞留する恐れのある場所では、火花を発する機械工具、工具等を使用することはできません。

第8回

問題13　**解答**　(3)

解説　運搬容器の外部には、(1)(2)(4)(5)のほか、危険等級も表示する必要があります。

解答

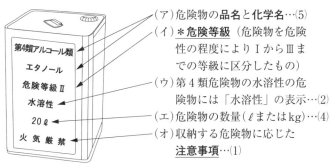

- 第4類アルコール類
- エタノール
- 危険等級Ⅱ
- 水溶性
- 20ℓ
- 火気厳禁

(ア) 危険物の**品名と化学名**…(5)
(イ) **＊危険等級**（危険物を危険性の程度によりⅠからⅢまでの等級に区分したもの）
(ウ) 第4類危険物の水溶性の危険物には「水溶性」の表示…(2)
(エ) 危険物の数量（ℓまたはkg）…(4)
(オ) 収納する危険物に応じた**注意事項**…(1)

問題14　**解答**　(5)

解説　(1)　問題文は、アルキルアルミニウムやアルキルリチウムを移送する場合の手続きです。

(2)　丙種危険物取扱者は、ガソリンを取り扱うことができるので、誤り。

(3)　**免状は携帯**する必要があ
　　ります（携帯義務はこの移
　　送の場合のみ）。

(4)　点検は，移送の**開始前**に
　　行う必要があります。

(5)　規則で定める長時間とは，
　　1日当たりの運転時間が**9**

(3)　移送の場合，免状は携帯する必要があります。

時間を超える場合，若しくは連続運転時間が**4時間**を超える場合です。

　なお，移送に伴う火災防止のため，特に必要があるときは，**消防吏員**又は
警察官は移動タンク貯蔵所を停止させ，免状の提示を求めることがあります。

問題15　**解答**　(4)

　警報設備というのは，火災や危険物の流出などの事故が発生した場合
に，従業員等にいち早く知らせるための設備で，次の5種類があります。

こうして覚えよう！　　＜警報設備＞

「**警報**」の　字　書く　秘書　K
　　　　　　　自　拡　非　消　警

・自動火災報知設備
・拡声装置
・非常ベル装置※
・消防機関に報知できる電話
・警鐘　　（※**非常電話**，**手動**または**自動**サイレンではないので注意！）

(1)　その警報設備ですが，すべての製造所等に必要なわけではなく，指定数
　　量の**10倍以上**の危険物を貯蔵又は取り扱う製造所等に設ける必要があり
　　ます。

(2)　移動タンク貯蔵所には，指定数量の倍数にかかわらず，警報設備を設け
　　る必要はありません（⇒**警報設備を設置しなければならない製造所等から
　　は除かれている**）。

(3)　自動式サイレンではなく，非常ベル装置です（その他は正しい）。なお，

赤色回転灯という出題例もありますが，当然，×です。

(4) 指定数量の倍数が 10 以上の製造所（移動タンク貯蔵所除く）には，警報設備を設置する必要がありますが，次の 6 つの製造所等には，警報設備のうち，自動火災報知設備を必ず設置しなければなりません。

「**製造所**，一般取扱所，屋内貯蔵所，屋外タンク貯蔵所，屋内タンク貯蔵所，給油取扱所」

従って，指定数量の倍数が 10 以上の**製造所**には，自動火災報知設備を必ず設置する必要があります。

(5) 屋外貯蔵所は(4)の製造所等に含まれていないので，自動火災報知設備に限定されず，他の警報設備も設置することができます。

═══基礎的な物理学及び基礎的な化学═══

問題16 **解答** (2)

解説 伝導，放射，対流を説明すると

① 伝導…熱が高温部から低温部へと伝わっていく現象。

② 放射…高温の物体から発せられた熱線が空間を直進して直接ほかの物質に熱を与える現象。

③ 対流…流体内にできた高温部と低温部による熱の移動。

これより，A～Eを考えると

A 日光浴ということは，太陽（高温の物体）から発せられた熱線が空間を直進して身体を暖めるので，②の**放射**となります。

A 放射

B，D Bの，「天井近くの温度」，Dの「水の表面から暖かくなった。」は，流体（空気または水）内にできた高温部ということになるので，③の**対流**ということになります。

なお，「物体と熱源の間に流体が存在するときは，流体は温度が高くなると比重が小さくなるため上方に移動し，これにより熱が伝

B，D 対流

わる。」というのも対流によるもので，出題例があります。

C　鉄棒の熱が高温部（先端）から低温部（手
元）へと移動して次第に熱くなったので，①
の**伝導**となります。

C　伝　導

なお，似たような出題例に，「ステンレス
製の手すりにつかまったら，手元の方まで次
第に熱くなった。」というのがありますが，
同じく伝導になります。

E　熱が高温部（アイロン）から低温部（衣類）
へと移動して熱くなったので，①の**伝導**とな
ります。

E　伝　導

従って，対流はB，Dの2つ，ということ
になります。

問題17　**解答**　(5)

解説｜静電気が蓄積しても発熱はしません。ただし，蓄積した静電気が何ら
かの原因で放電して電気火花が発生すると，火災の危険は生じます。

問題18　**解答**　(1)

解説｜ナトリウムは**単体**，アンモニアは**化合物**，希硫酸は「硫酸と水」の**混
合物**なので正しい。

(2)　二酸化炭素は**化合物**なので誤りです。なお，硝酸はアンモニアと酸素の
化合物，灯油は炭化水素の**混合物**なの
で，この点は正しい。

(3)　エタノールは**化合物**であり，また，
オゾンは**単体**なので誤りです。

(4)　酸素と水素は**単体**です（ガソリンは
混合物なので正しい）。

(5)　水は**化合物**で空気は**混合物**なので誤
りです。

空気は混合物デス

ウマイ！

(5)

問題19 **解答** (3)

解説 本問は，気体の性質についての法則「ボイル・シャルルの法則」に関する問題で，圧力を P，体積を V，温度（絶対温度）を T とすると，$PV / T =$ **一定**，という関係があります。

本問の場合，体積 V が一定なので，$P / T =$ **一定**，という式が成り立ちます。よって，

分子の圧力 P が2倍になれば分母の絶対温度 T も2倍になります。

問題の温度は0℃ですが，これは摂氏温度であり，これをいったん絶対温度に直す必要があります。

両者の関係は，$T = t + 273$ なので，$T = 0 + 273 = 273$，となります。従って上記下線部より，圧力 P が2倍になれば絶対温度 T も2倍になるので，変化後の絶対温度は，$273 × 2 =$ **546 K** となります（絶対温度の単位はK）。

ただ，問題では，摂氏温度で答えなければならないので，この絶対温度をもう一度，摂氏温度に直します。すると，

$T = t + 273$ より，$t = T - 273 = 546 - 273 = 273$℃ になります。

計算すると，このようになりますが，「**273分の1**」は，圧力一定のときの体積と温度の関係，シャルルの法則の数値なので，もう，暗記しておいてください。

第8回

解答

類題 温度一定で，2気圧で10ℓの理想気体を容器に入れたところ，内部の圧力が4気圧になった。この容器の容積はいくらか。

解説

$PV / T =$ 一定より，温度 T が一定なので，$PV =$ 一定。圧力 P が2気圧から4気圧と2倍になったので，体積 V は逆に1／2になります。

よって，$10ℓ × 1／2 = 5ℓ$ となります。 **解答** $5ℓ$

問題20 **解答** (4)

解説 燃焼が起こるためには，「可燃物」「酸素供給源」「点火源」の燃焼の三要素が必要です。

可燃物を⬚可，酸素供給源を⬚酸，点火源を⬚点として，順に確認していくと，

(1) エタノール＝⬚可ですが，光は⬚点ではなく，また水素は⬚酸ではないので燃焼は起こりません。

(2) 酢酸＝⬚可，酸素＝⬚酸ですが，沸騰水は⬚点でないので燃焼は起こりません。

(3) 静電気火花は⬚点，ガソリンと二硫化炭素はともに⬚可なので，従って，⬚酸がなく，燃焼は起こりません。

(4) 炎＝⬚点，灯油＝⬚可，空気＝⬚酸より，燃焼の三要素がすべて揃っているので，これが正解です。

(5) 電気火花＝⬚点，ピリジン＝⬚可ですが，窒素は⬚酸ではないので燃焼は起こりません。

窒素は酸素供給源ではない！

燃焼の三要素

問題21　**解答**　(2)

解説　(引火点については，次の**問題22**の解説参照)

問題22　**解答**　(3)

解説　引火点とは，可燃性液体の表面に点火源をもっていった時，引火するのに十分な濃度の蒸気を液面上に発生している時の，**最低の液温**のことをいいます。従って，液温が引火点以上（20℃以上）になると液体の表面に炎，火花などを近づければ火が着くので，(3)が正解です。

問題23　**解答**　(3)

解説　(1) 水素，プロパンガスとも気体であり，**拡散燃焼**や**予混合燃焼**などにより燃焼します。

(2) 石炭は**分解燃焼**で，木炭は**表面燃焼**です。

(3) 硫黄は固体ですが，**蒸発燃焼**をします。

(4) 木材，プラスチックとも**分解燃焼**です。

(5) コークス（石炭を原料にした燃料）は**表面燃焼**，セルロイド（合成樹脂）

は，内部（自己）燃焼です。

(2)(4) 分解燃焼　　　　(3) 蒸発燃焼　　　　(2)(5) 表面燃焼

問題24　**解答**　(5)

解説　蒸気の濃度で言う場合は，(2)のように「下限値以下」にすれば消火でき，液温で言う場合は，「引火点以下」にすれば消火できるので，発火点以下は誤りです（燃焼範囲の下限値のときの液温が引火点です）。

第8回

問題25　**解答**　(2)

解説　消火粉末には，**りん酸塩類**を主成分にしたものと，**炭酸水素塩類**を主成分にしたものとがありますが，どちらも油火災には適応します。

解答

危険物の性質並びにその火災予防及び消火の方法

問題26　**解答**　(5)

解説　第6類の危険物は，**強酸化性**の物質です（硝酸は正しい）。

問題27 解答 (5)

解説 「かくはんなどにより静電気が生じる」は正しいですが，静電気が蓄積しても温度が上昇することはないので誤りです。

問題28 解答 (4)

解説 (1) 静電気の発生を抑えるためには，流速を**遅く**する必要があります。
(2) 単に機械器具ではなく，「**火花を発生する**機械器具などを使用しない」が正解です。
(3) 可燃性蒸気が滞留しないよう，室内の換気を十分に行う必要があります。
(5) 「導電率の**悪い**液体（＝電気が流れにくい液体）は，静電気が発生しやすい」が正解です。

なお，その他，「靴や着衣は**絶縁性のある合成繊維**のものを使用する」という出題例もありますが，合成繊維の衣服は静電気が発生しやすく，また，絶縁性があれば静電気が他へ逃げないので，帯電しやすくなるので，誤りです。

問題29 解答 (2)

解説 水溶性液体用泡消火剤は，別名「耐アルコール泡」ともいい，水溶性液体（＝水に溶ける危険物），すなわち，アルコール類やアセトン，アセトアルデヒド，酢酸などの火災に用いられます。

問題30 解答 (2)

解説 B，Dが腐食の原因として考えにくい。
A 配管を土壌の異なった2種の土壌にまたがって埋設すると，腐食しやすくなります。
B タールエポキシ樹脂を配管に塗装すると，**腐食しにくく**なります。
C 配管を迷走電流が流れるため，腐食しやすくなります。
D コンクリートはアルカリ性であり，配管は**腐食しにくく**なります。
E アース棒の銅と配管の鋼（鉄）ではイオン化傾向が異なり，イオン化傾向の大きい鋼（鉄）の方が腐食しやすくなります。

問題31 **解答** (2)

解説 (4)の解説より，燃焼範囲に大きな差はありませんが，引火点について
は，ガソリンが**−40℃以下**，灯油が**40℃以上**なので，ガソリンの方がはる
かに低く，よって，それだけガソリンの方が<u>より低い温度で引火するので危
険性が高い</u>，ということになります。

(1) ガソリンの蒸気比重は3〜4，灯油の蒸気比重は約4.5なので，灯油の
蒸気の方が重く，誤りです。

(3) 発火点はガソリンが300℃，灯油が220℃で，灯油の方が低いので誤り
です。

(4) ガソリンの燃焼範囲は1.4〜7.6 vol%，灯油の燃焼範囲は1.1〜6.0 vol
%であり，大きな差はないので誤りです。

(5) 一般に，ガソリンの方が沸点が低いので誤りです（ガソリンの沸点は40
〜220℃，灯油の沸点は145〜270℃）。

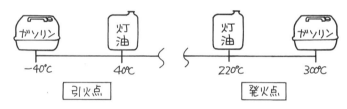

ガソリンは「灯油をサンドイッチしている」と覚えておこう！

問題32 **解答** (2)

解説 A 誤り。ともに無色または淡黄色系の液体であり，オレンジ色に着
色されているのは**ガソリン**です。

B 誤り。引火点は，灯油が**40℃以上**，軽油が**45℃以上**なので，常温（20℃）
では引火しません。

C，D，E 正しい。Dの比重は灯油が**0.80**，軽油が**0.85**なので，水より
軽く，また，水には溶けない**非水溶性**の液体です。

従って，A，Bの2つが誤りです。

第8回

第8回

問題33 **解答** (2)

解説 動植物油類には，乾きやすい油とそうでないものがあり，乾きやすいものから順に**乾性油**，半乾性油，不乾性油と分けられています。このうち**乾性油**は，ヨウ素価（乾きやすさを表すもの）が高く，空気中の酸素と反応しやすいので，その際に発生した熱（酸化熱）が蓄積すると自然発火を起こす危険があります。

　従って，乾性油のしみ込んだものを長期間，通風の悪い所に積んであると，空気中の酸素と反応して自然発火を起こす危険があるので，(2)が正解です。

　なお，(4)の「長期間，直射日光にさらされている。」という条件も，自然発火を起こす危険性とは関係がないので，念のため。

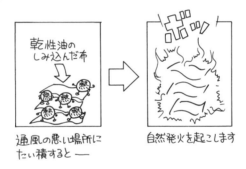

問題34 **解答** (5)

解説 乙4試験では，このように「水より重いもののみの組み合わせはどれか。」などという出題はあまりありませんが，ただ，個々の危険物について，「水より重いか，軽いか」という知識を試すものが出題されるので，水より重いものを覚えておくと，大変有効な受験対策になります。

　さて，第4類危険物で水より重いものは，**二硫化炭素，ニトロベンゼン，クレオソート油，酢酸，グリセリン**などです。これより，(1)～(5)で，これらが含まれているものを探すと，(1)は二硫化炭素のみ，(2)は酢酸のみ，(3)はニトロベンゼンとクレオソート油のみ，(4)は二硫化炭素のみ，(5)は，すべて水より重い。よって(5)が正解となります。

（類題） 次の危険物のうち，水によく溶けるものの組み合わせで，正しいのはどれか。

  (1) ピリジン，グリセリン，クレオソート油
  (2) アセトン，エタノール，軽油
  (3) 酸化プロピレン，ベンゼン，酢酸
  (4) アセトアルデヒド，酸化プロピレン，アセトン
  (5) ガソリン，メタノール，二硫化炭素

解説

「水に溶けるもの」も，「水より重いもの」と同様，個々の危険物について，「水に溶ける，溶けない……」という知識を試すものが出題されるので，「水に溶けるもの」を覚えておくと，こちらも大変有効な受験対策になります。

さて，第4類危険物で「水に溶けるもの」は，「アの付くもの（⇒**アセトン，アルコール類，アセトアルデヒド**）」＋「酸の付くもの（⇒**酢酸，酸化プロピレン**）」＋**グリセリン**と**ピリジン**などです。

従って，(1)～(5)で，この「水に溶けるもの」以外のものを探すと，(1)クレオソート油，(2)軽油，(3)ベンゼン，(4)なし　(5)ガソリン，二硫化炭素。よって，(4)がすべて「水に溶けるもの」となります。   （解答）(4)

問題35　　**解答** (3)

解説　エチルメチルケトン（メチルエチルケトンまたは2 - ブタノンともいう）は，有機溶媒の一種で，引火点は−9℃，発火点は404℃でアセトン同様，特異な臭気がある無色の液体で，水には溶けます（比重は**約0.8**）。その貯蔵の際には，可燃性蒸気の発生を防ぐため，容器を**密閉**して換気の良い冷暗所で保管する必要があるので，(3)が誤りです。

暗記大作戦！〜共通の特性を覚えよう〜

（注）　本書で取りあげた危険物のみです。

(1) 常温（20℃）で引火の危険性がないもの

第2石油類以降（第2石油類，第3石油類，第4石油類，動植物油類）

⇒　逆にいうと，「特殊引火物と第1石油類およびアルコール類」は常温で引火する危険性があります。

(2) 水に溶けるもの（水溶性のもの）

アルコール，アセトアルデヒド，アセトン，エーテル（少溶），
エチレングリコール，酢酸，酸化プロピレン，グリセリン，ピリジン

その1

ア！	エ	サ！	と	グ	ッ	ピー	が	言いました
アの付くもの	エの付くもの	酸の付くもの		グリセリン		ピリジン		

エサを早く
ちょうだい！

エッサ
エッサ

グッピー

その2　（その1を簡略化したもの…「エのつくもの」は省略）

「ア」の付くもの＋「酸」の付くもの＋グッピー
　　　　　　　　　　　　　　　　グリセリン　ピリジン

(3) 水より重いもの（比重が1より大きいもの）

二硫化炭素，ニトロベンゼン，クレオソート油，酢酸，グリセリン

（エーテルと区別するため「グ」を付けた）

水	えグッと	沈んだ	黒い
	エチレン グリコール	水より重い	クロロ

ニン	ニ	ク	兄さん	さ	ぐる
二硫化	ニトロ ベンゼン	クレオ ソート	アニリン	さく酸	グリセリン

水より重い

にんにく

(4) 液体に色が付いたもの（無色透明でないもの）

液体に色が付いているもの
ガソリン（ただし自動車用→オレンジ色） 灯油（無色または淡（紫）黄色） 軽油（淡黄色または淡褐色） 重油（褐色または暗褐色） クレオソート油（黄色または暗緑色）

(5) 第4類危険物で特徴のあるもの

・**引火点**が**最も低い**危険物　　⇒ジエチルエーテル（−45℃）

・**発火点**が**最も低い**危険物　　⇒二硫化炭素（90℃）

・第4類危険物は**静電気**が帯電しやすいが，水溶性危険物（**アセトン，アルコール，酢酸**など）は静電気が帯電しにくい。

・**重合**する性質がある危険物　　⇒**酸化プロピレン**

・**自然発火**のおそれがある危険物⇒動植物油類の**乾性油**

危険物の分類とその特性

	性質	状態	燃焼性	特　　性
1類	酸化性固体 （火薬など）	固体	不燃性	①　そのもの自体は燃えないが，**酸素**を多量に含んでいて，他の物質を酸化させる性質がある。 ②　可燃物と混合すると，加熱，衝撃，摩擦などにより，（その酸素を放出して）**爆発**する危険がある。
2類	可燃性固体 （マッチなど）	固体	可燃性	①　**着火**，または**引火**しやすい。 ②　燃焼が**速く**，消火が困難。
3類	自然発火性 および 禁水性物質 （発煙剤など）	液体 または 固体	可燃性 （一部不燃性）	①　自然発火性物質 ⇒　空気にさらされると**自然発火**する危険性があるもの。 ②　禁水性物質 ⇒　水に触れると**発火**，または**可燃性ガス**を発生するもの。
4類	引火性液体	液体	可燃性	引火性のある液体
5類	自己反応性物質（爆薬など）	液体 または 固体	可燃性	**酸素**を含み，加熱や衝撃などで自己反応を起こすと，**発熱または爆発的に燃焼**する。
6類	酸化性液体 （ロケット燃料など）	液体	不燃性	そのもの自体は燃えないが，酸化力が強いので， ①　他の可燃物の燃焼を促進させる。 ②　可燃物と混ざると発火する恐れがある。

消防法別表第1　　(一部省略してあります)

種　別	性　質	品　　名
第1類	酸化性固体	1．塩素酸塩類 2．過塩素酸塩類 3．無機過酸化物 4．亜塩素酸塩類 5．臭素酸塩類 6．硝酸塩類 7．よう素酸塩類 8．過マンガン酸塩類 9．重クロム酸塩類　など
第2類	可燃性固体	1．硫化りん 2．赤りん 3．硫黄 4．鉄粉 5．金属粉 6．マグネシウム 7．引火性固体　など
第3類	自然発火性物質及び禁水性物質	1．カリウム 2．ナトリウム 3．アルキルアルミニウム 4．アルキルリチウム 5．黄リン 6．カルシウムまたはアルミニウムの炭化物　など
第4類	引火性液体	1．特殊引火物 2．第1石油類 3．アルコール類 4．第2石油類 5．第3石油類 6．第4石油類 7．動植物油類
第5類	自己反応性物質	1．有機過酸化物 2．硝酸エステル類 3．ニトロ化合物 4．ニトロソ化合物　など
第6類	酸化性液体	1．過塩素酸 2．過酸化水素 3．硝酸　など

238

主な第4類危険物のデーター一覧表

○：水に溶ける　△：少し溶ける　×：溶けない

品名	物品名	水溶性	アルコール	引火点℃	発火点℃	比重	沸点℃	燃焼範囲 vol%	液体の色
特殊引火物	ジエチルエーテル	△	溶	−45	160	0.71	35	1.9～36.0	無色
	二硫化炭素	×	溶	−30	90	1.30	46	1.3～50.0	無色
	アセトアルデヒド	○	溶	−39	175	0.78	20	4.0～60.0	無色
	酸化プロピレン	○	溶	−37	449	0.83	35	2.8～37.0	無色
第一石油類	ガソリン	×	溶	−40以下	約300	0.65～0.75	40～220	1.4～7.6	オレンジ色（純品は無色）
	ベンゼン	×	溶	−11	498	0.88	80	1.3～7.1	無色
	トルエン	×	溶	4	480	0.87	111	1.2～7.1	無色
	メチルエチルケトン	△	溶	−9	404	0.8	80	1.7～11.4	無色
	酢酸エチル	△	溶	−4	426	0.9	77	2.0～11.5	無色
	アセトン	○	溶	−20	465	0.79	57	2.15～13.0	無色
	ピリジン	○	溶	20	482	0.98	115.5	1.8～12.8	無色
アルコール類	メタノール	○	溶	11	385	0.80	64	6.0～36.0	無色
	エタノール	○	溶	13	363	0.80	78	3.3～19.0	無色
第二石油類	灯油	×	×	40以上	約220	0.80	145～270	1.1～6.0	無色, 淡紫黄色
	軽油	×	×	45以上	約220	0.85	170～370	1.0～6.0	淡黄色, 淡褐色
	キシレン	×	溶	33	463	0.88	144	1.0～6.0	無色
	クロロベンゼン	×	溶	28	593	1.1	132	1.3～9.6	無色
	酢酸	○	溶	39	463	1.05	118	4.0～19.9	無色
第三石油類	重油	×	溶	60～150	250～380	0.9～1.0	300		褐色, 暗褐色
	クレオソート油	×	溶	74	336	1以上	200		暗緑色
	アニリン	△	溶	70	615	1.01	184.6	1.3～11	無色, 淡黄色
	ニトロベンゼン	×	溶	88	482	1.2	211	1.8～40	淡黄色, 暗黄色
	エチレングリコール	○	溶	111	398	1.1	198		無色
	グリセリン	○	溶	177	370	1.30	290		無色

予防規程に定める主な事項

1. 危険物の保安に関する業務を管理する者の職務及び組織に関すること。
2. 危険物保安監督者が旅行，疾病その他の事故によって，その職務を行うことができない場合にその職務を代行する者に関すること。
3. 化学消防自動車の設置その他自衛の消防組織に関すること。
4. 危険物の保安に係る作業に従事する者に対する保安教育に関すること。
5. 危険物の保安のための巡視，点検及び検査に関すること。
6. 危険物施設の運転又は操作に関すること。
7. 危険物の取扱い作業の基準に関すること。
8. 補修等の方法に関すること。
9. 危険物の保安に関する記録に関すること。
10. 災害その他の非常の場合に取るべき措置に関すること。
11. 顧客に自ら給油等をさせる給油取扱所にあっては，顧客に対する監視その他保安のための措置に関すること。

　その他，危険物の保安に関し必要な事項

（11. を正解にする出題例があるので，要注意！）

（「**火災などが発生した場合の損害調査に関すること**」や「**製造所等の設置にかかわる申請手続きに関すること**」などは予防規程に定める事項に含まれておらず，出題例もあるので，注意しておこう！）

こうして覚えよう！ （P 165 の問題 4 の 〔1〕 と 〔2〕 より）

官	邸	補	修	許可証	は	… 〔1〕
③	⑤	④	②	①		
完成	定期	保安	修理			

関	東の	ジュン	が	買いに	行った	… 〔2〕
③	②	①		④		
監督	統括	遵守命令		解任命令		

| 著者略歴 | 工藤政孝（くどうまさたか）

　大学在学中より，専門知識を得る手段として資格の取得に努め，その後，ビルトータルメンテの（株）大和にて電気主任技術者としての業務に就き，その後，土地家屋調査士事務所にて登記業務に就いた後，平成15年に資格教育研究所「大望」を設立（その後名称*KAZUNO*に変更）。わかりやすい教材の開発，資格指導に取り組んでいる。

【過去に取得した資格】

　甲種危険物取扱者，第二種電気主任技術者，第一種電気工事士，一級電気工事施工管理技士，一級ボイラー技士，ボイラー整備士，第一種冷凍機械責任者，甲種第4類消防設備士，乙種第6類消防設備士，乙種第7類消防設備士，第一種衛生管理者，建築物環境衛生管理技術者，二級管工事施工管理技士，下水道管理技術認定，宅地建物取引主任者，土地家屋調査士，測量士，調理師，など多数。

【主な著書】

わかりやすい！第4類消防設備士試験（弘文社）
わかりやすい！第6類消防設備士試験（弘文社）
わかりやすい！第7類消防設備士試験（弘文社）
わかりやすい！乙種第4類危険物取扱者試験（弘文社）
わかりやすい！丙種危険物取扱者試験（弘文社）
最速合格！乙種第4類危険物でるぞ～問題集（弘文社）

―本試験形式！―
乙種第4類危険物取扱者 模擬テスト

| 著　　　者 | 工　藤　政　孝 |
| 印刷・製本 | ㈱　太　洋　社 |

| 発 行 所 | 株式会社　弘　文　社 | 〒546-0012 大阪市東住吉区
中野2丁目1番27号
☎　　（06）6797―7441
FAX　（06）6702―4732
振替口座 00940―2―43630
東住吉郵便局私書箱1号 |
| 代 表 者 | 岡　﨑　　　靖 | |

落丁・乱丁本はお取り替えいたします。